Python
+Office

轻松实现Python办公自动化

王国平　著

电子工业出版社
Publishing House of Electronics Industry
北京·BEIJING

内 容 简 介

本书分为 6 篇。第 1 篇为 Python 编程基础篇，介绍 Python 语言及开发环境搭建、Python 编程基础、利用 Python 进行数据准备；第 2 篇为 Excel 数据自动化处理篇，介绍利用 Python 进行数据处理、数据分析和数据可视化；第 3 篇为 Word 文本自动化处理篇，介绍文本自动化处理、利用 Python 进行文本自动化处理、利用 Python 制作企业运营月报 Word 版；第 4 篇为幻灯片自动化制作篇，介绍幻灯片自动化制作、利用 Python 进行幻灯片自动化制作、利用 Python 制作企业运营月报幻灯片；第 5 篇为邮件自动化处理篇，介绍利用 Python 批量发送电子邮件、利用 Python 获取电子邮件、利用 Python 自动发送电商会员邮件；第 6 篇为文件自动化处理篇，介绍利用 Python 进行文件自动化处理。

本书从实际工作需求的角度，详细介绍了基于 Python 的办公自动化技术，既可以作为职场人员学习 Python 办公自动化的自学用书，也可以作为高等院校相关专业学生的参考用书。

图书在版编目（CIP）数据

Python+Office：轻松实现 Python 办公自动化 / 王国平著 . —北京：电子工业出版社，2021.8

ISBN 978-7-121-41440-4

Ⅰ．①P… Ⅱ．①王… Ⅲ．①软件工具－程序设计 Ⅳ．①TP311.561

中国版本图书馆 CIP 数据核字（2021）第 124746 号

责任编辑：王　静　　　　特约编辑：田学清
印　　刷：北京天宇星印刷厂
装　　订：北京天宇星印刷厂
出版发行：电子工业出版社
　　　　　北京市海淀区万寿路 173 信箱　　　邮编：100036
开　　本：720×1000　　1/16　　印张：19　　字数：383 千字
版　　次：2021 年 8 月第 1 版
印　　次：2025 年 2 月第 9 次印刷
定　　价：79.00 元

前　言

办公自动化是指利用现代化设备和技术，代替办公人员的部分手动或重复性业务活动，优质而高效地处理办公事务，实现对信息的高效利用，进而提高工作效率，实现辅助决策的目的。办公自动化通常包括利用 Excel、Word、PowerPoint 等工具制作报表、文稿，以及收发邮件和处理文件等工作，虽然微软 Office 套件提供了编程接口来实现办公自动化，但是由于其具有占用资源大等缺点，使用场合十分有限。

目前，在办公自动化的研究热潮中，如何提高工作效率也成为一个具有挑战性的任务。Python 在办公自动化领域的应用越来越受欢迎，其可以实现文件的批量生成和处理。本书基于 Python 3.10 版本进行编写，系统地介绍基于 Python 的办公自动化技术。

本书将深入地介绍 Python 在办公自动化方面的应用：包括 Python 编程基础篇、Excel 数据自动化处理篇、Word 文本自动化处理篇、幻灯片自动化制作篇、邮件自动化处理篇、文件自动化处理篇。

本书内容结构

第 1 篇：Python 编程基础篇

第 1 章介绍 Python 软件的特点与优势，以及如何快速搭建 Python 3.10 版本的开发环境。

第 2 章介绍 Python 编程基础，包括数据类型、基础语法、常用高阶函数和编程技巧。

第 3 章介绍利用 Python 进行数据准备，包括数据的读取、数据的索引、数据的切片、数据的删除、数据的排序、数据的聚合、数据的透视、数据的合并等。

第 2 篇：Excel 数据自动化处理篇

第 4 章介绍利用 Python 进行数据处理，包括重复值的处理、缺失值的处理、异常值的处理等。

第 5 章介绍利用 Python 进行数据分析，包括描述性分析、相关分析、线性回归分析。

第 6 章介绍利用 Python 进行数据可视化，包括对比型、趋势型、比例型、分布型等基本图表的绘制方法。

第 3 篇：Word 文本自动化处理篇

第 7 章介绍文本自动化处理，包括应用场景及环境搭建、Python-docx 库案例演示。

第 8 章介绍利用 Python 进行文本自动化处理，包括使用 Python-docx 库自动化处理对页眉、样式、文本等进行处理。

第 9 章介绍利用 Python 制作企业运营月报 Word 版，包括使用 Python-docx 库整理及清洗门店销售数据、运营数据的可视化分析、批量制作企业运营月报等。

第 4 篇：幻灯片自动化制作篇

第 10 章介绍幻灯片自动化制作，包括应用场景及环境搭建、Python-pptx 库案例演示。

第 11 章介绍利用 Python 进行幻灯片自动化制作，包括自动化制作文本、图形、表格和形状等内容。

第 12 章介绍利用 Python 制作企业运营月报幻灯片，包括制作商品销售分析报告、制作客户留存分析报告。

第 5 篇：邮件自动化处理篇

第 13 章介绍利用 Python 批量发送电子邮件，包括邮件服务器概述、发送电子邮件等。

第 14 章介绍利用 Python 获取电子邮件，包括获取邮件内容、解析邮件内容等。

第 15 章介绍利用 Python 自动发送电商会员邮件，包括电商会员邮件营销、提取未付费的会员数据、发送定制邮件提醒和发送定制短信提醒等。

第 6 篇：文件自动化处理篇

第 16 章介绍利用 Python 进行文件自动化处理，包括文件和文件夹的基本操作、文件的解压缩操作、显示目录树下的文件名称、修改目录树下的文件名称、合并目录树下的数据文件。

本书特色定位

（1）内容新颖，讲解详细。

本书是一本内容新颖的 Python 技术书，详细介绍了基于 Python 的办公自动化技术，对于初学者帮助较大。书中详细介绍了大量办公自动化案例，便于读者练习和实践。

（2）由浅入深，循序渐进。

本书以案例为主线，既包括软件应用与操作的方法和技巧，又融入了办公自动化的案例实战，使读者通过对本书的学习，能够轻松、快速地掌握办公自动化技术。

（3）案例丰富，高效学习。

本书基于 Python 3.10 版本进行讲解，同时为了使读者能够快速提高办公自动化的综合能力，本书中的案例都尽可能地贴近实际工作。

本书读者对象

本书的内容和案例适合互联网、银行、咨询、能源等行业的数据分析人员阅读，可以作为高等院校相关专业学生的参考用书，也可以作为职场人员学习 Python 办公自动化的自学用书。

由于作者水平所限，书中难免存在一些疏漏和不足，希望同行和读者给予批评与指正。

作　者

2021 年 6 月

目 录

第 1 篇　Python 编程基础篇

第 2 篇　Excel 数据自动化处理篇

第 3 篇 Word 文本自动化处理篇

第4篇　幻灯片自动化制作篇

第 5 篇　邮件自动化处理篇

第6篇 文件自动化处理篇

第1篇 Python 编程基础篇

第1章

初识 Python 语言及开发环境搭建

"人生苦短，我用 Python"，这是 Python 的情怀标语，目前 Python 已经成为最流行的编程语言之一，在编程语言排行榜中位居前几位。本章将介绍 Python 软件的特点与优势，以及如何快速搭建 Python 3.10 的开发环境。

1.1 Python 及其优势

1.1.1 Python 的历史

Python（图标见图 1-1）是一门简单易学且功能强大的编程语言，能够用简单而又高效的方式进行面向对象的编程。Python 简单的语法和动态类型，再结合它的解释性特点，使其成为程序员编写脚本或开发应用程序的理想语言。

图 1-1　Python 图标

1989 年，在圣诞节假期，吉多·范罗苏姆（Guido van Rossum）开始编写 Python 语言编译器。Python 这个名字来自电视连续剧《巨蟒剧团之飞翔的马戏团》，吉多·范罗苏姆希望 Python 能够满足在 C 语言和 Shell 之间创建全功能、易学、可扩展的语言愿景。

目前，Python 分为 2.X 和 3.X 两个版本。Python 3.X 版本在设计时没有考虑向下的兼容性，即 Python 3.X 的代码不能直接运行在 Python 2.X 上。

Python 2.7 已于 2020 年 1 月 1 日终止支持，如果用户想要继续得到有关的技术支持，则需要向商业软件供应商支付费用。截止到 2021 年 3 月，Python 的最新版本是 3.10，本书也是基于 Python 3.10 版本进行的讲解。

1.1.2 Python 的特点

编程语言种类繁多，各有所长，Python 与其他语言不同，这也是为什么程序员或分析师都选择 Python 而不是其他语言的原因，Python 的主要特点如图 1-2 所示。

图 1-2　Python 的主要特点

1．简单易学

Python 程序有极其简单的说明文档，初学者容易上手，而且语法结构简单。

2．速度快

Python 的底层是用 C 语言编写的，第三方库也基本是用 C 语言编写的，运行速度快。

3．表现力强

Python 为我们提供了很多的构造，可以帮助我们专注于解决方案而不是程序。

4．免费开源

Python 软件及其第三方库是开源免费的，我们可以从其官方网站进行下载。

5．高级语言

Python 也是一种高级语言，我们不需要记住系统架构，也不需要管理内存等。

6．可移植性

Python 已经可以被移植到 Linux 系统，以及基于 Linux 系统的 Android 等平台上。

1.1.3　Python 的优势

TIOBE 公布了 2020 年 11 月的编程语言排行榜，其中 Python 的占比是 12.12%，达到了历史新高，排名第二，超越 Java（占比为 11.68%）。

与 Shell 脚本或批处理软件相比，Python 为编写大型程序提供了更多的结构和支持。另外，Python 提供了比 C 语言更多的错误检查功能，并且作为一门高级语言，它内置了高级的数据结构类型，如灵活的数组和字典。

此外，Python 还可以应用在数据分析、网站搭建、游戏开发、自动化测试等方面。

1.2　搭建 Python 开发环境

工欲善其事，必先利其器，Python 办公自动化的学习少不了代码开发环境，它可以帮助开发者加快开发速度，提高工作效率。Python 的开发环境较多，如 Anaconda、Jupyter 等。

1.2.1　安装 Anaconda

Anaconda 是 Python 的集成开发环境，内置了许多非常有用的第三方库，包含

NumPy、Pandas、Matplotlib 等 190 多个常用库及其依赖项。Anaconda 可以使用第三方库构建和训练机器学习模型，包括 Scikit-learn、TensorFlow 和 PyTorch 等，如图 1-3 所示。

图 1-3　主要机器学习第三方库

Anaconda 的安装过程比较简单，可以选择默认安装或自定义安装，为了避免配置环境和安装 pip 的麻烦，建议添加环境变量和安装 pip 选项。下面介绍其安装步骤。

进入 Anaconda 的官方网站下载需要的版本，这里选择的是 Windows 64-Bit Graphical Installer（466MB），如图 1-4 所示。

图 1-4　下载 Anaconda

软件下载好后，以管理员身份运行"Anaconda3-2020.07-Windows-x86_64.exe"文件，后续的操作依次为，单击"Next"按钮，单击"I Agree"按钮，单击"Next"按钮，单击"Browse"按钮选择安装目录，单击"Next"按钮，单击"Install"按钮等待安装完成，然后单击"Next"按钮，再单击"Next"按钮，最后单击"Finish"按钮即可。安装过程的开始界面和结束界面如图 1-5 所示。

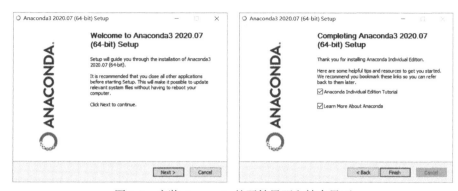

图 1-5　安装 Anaconda 的开始界面和结束界面

安装结束后，在正常情况下会在"开始"菜单中出现"Anaconda3 (64-bit)"选项，选择"Anaconda Powershell Prompt (anaconda3)"选项，打开"选择管理员"窗口，然后输入"python"，如果出现 Python 版本的信息，则说明安装成功，如图 1-6 所示。

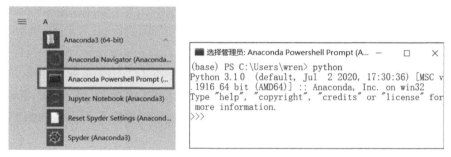

图 1-6　查看 Python 版本

1.2.2　安装 Jupyter 库

目前，Jupyter 库也是比较常用的开发环境，包括 Jupyter Notebook 和 JupyterLab。

1．Jupyter Notebook

Jupyter Notebook 是一个在浏览器中使用的交互式笔记本，可以实现将代码、文字完美结合起来，用户大多是一些从事数据科学领域相关（机器学习、数据分析等）的人员。安装 Python 后，可以通过"pip install jupyter"命令安装 Jupyter Notebook，还可以通过在命令提示符（CMD）中输入"jupyter notebook"，启动 Jupyter Notebook 程序。

开始编程前需要先说明一个概念，Jupyter Notebook 有一个工作空间（工作目录）的概念，也就是用户想在哪个目录进行编程。启动 Jupyter Notebook 后会在浏览器中自动打开 Jupyter Notebook 窗口，如图 1-7 所示，用户可以在该窗口进行代码的编写和运行。

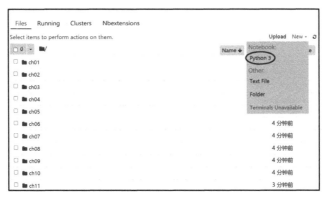

图 1-7　Jupyter Notebook 窗口

2．JupyterLab

JupyterLab 是 Jupyter Notebook 的最新一代产品，它集成了更多功能，是使用 Python（R、Julia、Node 等其他语言的内核）进行代码演示、数据分析、数据可视化等的工具，对 Python 的愈加流行和在 AI 领域的领导地位有很大的推动作用，它是本书默认使用的代码开发工具。

JupyterLab 的安装比较简单，只需要在命令提示符（CMD）中输入"pip install jupyterlab"命令即可，它会继承 Jupyter Notebook 的配置，如地址、端口号、密码等。启动 JupyterLab 的方式也比较简单，只需要在命令提示符中输入"jupyter lab"命令即可。

JupyterLab 程序启动后浏览器会自动打开编程窗口，如图 1-8 所示。我们可以看到，JupyterLab 窗口的左侧是存放笔记本的工作路径，右侧是要创建的笔记本类型，包括 Notebook 和 Console，还可以创建 Text File、Markdown File、Show Contextual Help 等其他类型的文件。

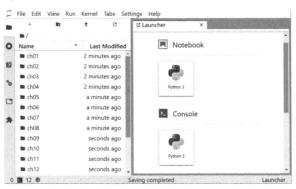

图 1-8　JupyterLab 窗口

1.2.3 库管理工具 pip

在实际工作中，pip 是最常用的 Python 第三方库管理工具，下面介绍一下如何通过 pip 进行第三方库的安装、更新、卸载等操作。

安装单个第三方库的命令如下：

```
pip install packages
```

安装多个库，需要将库的名字用空格隔开，命令如下：

```
pip install package_name1 package_name2 package_name3
```

安装指定版本的库，命令如下：

```
pip install package_name==版本号
```

当要安装一系列库时，如果写成命令可能也比较麻烦，则可以把要安装的库名及版本号，写到一个文本文件中。例如，文本文件的内容与格式如下：

```
alembic==0.8.6
bleach==1.4.3
click==6.6
dominate==2.2.1
Flask==0.11.1
Flask-Bootstrap==3.3.6.0
Flask-Login==0.3.2
Flask-Migrate==1.8.1
Flask-Moment==0.5.1
Flask-PageDown==0.2.1
Flask-Script==2.0.5
```

然后使用**-r**参数安装文本文件下的库：

```
pip install -r 文本文件名
```

查看可升级的第三方库的命令如下：

```
pip list -o
```

更新第三方库的命令如下：

```
pip install -U package_name
```

使用 **pip** 工具，可以很方便地卸载第三方库，卸载单个库的命令如下：

```
pip uninstall package_name
```

批量卸载多个库的命令如下：

```
pip uninstall package_name1 package_name2 package_name3
```

卸载一系列库的命令如下：

```
pip uninstall -r 文本文件名
```

此外，在 JupyterLab 中也可以很方便地使用 pip 工具，在 JupyterLab 窗口中单击"Console"控制台，如图 1-9 所示。

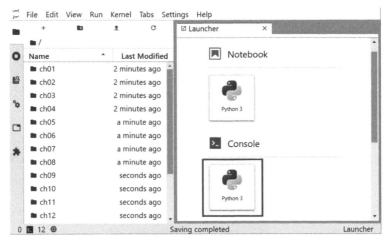

图 1-9　单击"Console"控制台

然后，在下方的代码输入区域输入相应的代码，也可以使用 pip 安装、更新和卸载第三方库。

1.3　上机实践题

练习 1：安装最新版本的 Anaconda，并查看 Python 版本信息。

练习 2：安装和配置 Jupyter 库，并正常打开 JupyterLab 窗口。

练习 3：使用 pip 更新数据处理和数据分析中常用的 Pandas 库。

第 2 章

Python 编程基础

Python 是一种计算机编程语言，与我们日常使用的自然语言有所不同。最大的区别就是自然语言在不同的语境下有不同的理解，而计算机要根据编程语言执行任务，就必须保证编程语言写出的程序决不能有歧义。本章将详细介绍 Python 编程基础，包括 Python 数据类型、Python 基础语法、Python 常用高阶函数和 Python 编程技巧等。

2.1 Python 数据类型

2.1.1 数值（Number）

Python 中的数值类型用于存储数值，主要有整数类型（int）和浮点型（float）两种。需要注意的是，数值类型变量的值是不允许被改变的，如果改变数值类型变量的值，则会重新分配内存空间。例如，数据分析师小王统计汇总今天商品总的订单量是 899 件，输入代码如下：

```
order_volume = 899
```

但是，领导需要的不是总的订单量，而是商品的有效订单量。由于还有部分客户购买商品后又进行了退单（共计 8 件退单），因此需要减去 8 件退单，输入有效订单量的代码如下：

```
order_volume = 891
```

运行上述代码后，现在变量 order_volume 的数值就是有效商品的订单量 891 件，而不再是前面输入的 899 件，代码如下：

```
order_volume
```

代码输出结果如下所示。

```
891
```

Python 中有丰富的函数，包括数学函数、随机数函数、三角函数等，表 2-1 列举了一些常用的数学函数。

表 2-1 常用的数学函数

序 号	函 数 名	说 明
1	ceil(x)	返回数字向上取整，如 math.ceil(4.1)的返回值为 5
2	exp(x)	返回 e 的 x 次幂(e^x)，如 math.exp(1)的返回值为 2.718281828459045
3	fabs(x)	返回数字的绝对值，如 math.fabs(-10)的返回值为 10.0
4	floor(x)	返回数字向下取整，如 math.floor(4.9)的返回值为 4
5	log(x)	如 math.log(math.e)的返回值为 1.0，math.log(100,10)的返回值为 2.0
6	log10(x)	返回以 10 为基数的 x 的对数，如 math.log10(100)的返回值为 2.0
7	modf(x)	返回 x 的整数部分与小数部分，数值符号与 x 相同
8	pow(x, y)	返回 x^y 运算后的值
9	sqrt(x)	返回 x 的平方根

下面通过案例介绍数学函数的用法，例如，我们要返回数值-12.439 的整数部分和小数部分。Python 数学运算的常用函数基本都在 math 模块中，因此首先需要导入 math

模块，然后使用 modf()函数提取整数部分和小数部分。

通过下面代码可以看出：-12.439 的小数部分是-0.43900000000000006，整数部分是-12.0。

```
import math
math.modf(-12.439)
```

代码输出结果如下所示。

```
(-0.43900000000000006, -12.0)
```

注意：这里小数部分不是-0.439。这是由于 Python 默认的是数值计算，而不是符号计算，其中数值计算是近似计算，而符号计算则是绝对精确的计算，这里就不再详细介绍两者之间的差异了，如果读者想深入了解，那么可以查阅相关的资料。

2.1.2　字符串（String）

字符串是 Python 最常用的数据类型。我们可以使用英文输入法下的单引号（'）或双引号（""）来创建字符串，字符串可以是英文、中文或中文英文的混合。例如，创建两个字符串 str1 和 str2，代码如下：

```
str1 = 'Hello Python!'
str2 = "你好 Python!"
```

查看字符串 str1，代码如下：

```
str1
```

代码输出结果如下所示。

```
'Hello Python!'
```

查看字符串 str2，代码如下：

```
str2
```

代码输出结果如下所示。

```
'你好 Python!'
```

在 Python 中，可以通过“+”实现字符串之间的拼接，输入以下代码：

```
str3 = str1 + " My name is Wren!"
```

查看字符串 str3，代码如下：

```
str3
```

代码输出结果如下所示。

```
'Hello Python! My name is Wren!'
```

在字符串中，我们可以通过索引获取字符串中的字符，遵循"左闭右开"的原则。需要注意的是，索引是从 0 开始的。例如，截取字符串 str1 的前 5 个字符，代码如下：

```
str1[:5]
```

或者

```
str1[0:5]
```

代码输出结果如下所示。

```
'Hello'
```

我们可以看出，程序输出字符串 str1 中的前 5 个字符"Hello"，索引分别对应 0、1、2、3、4。原字符串中每个字符所对应的索引号如表 2-2 所示。

表 2-2　字符串索引号

原字符串	H	e	l	l	o		P	y	t	h	o	n	!
正向索引	0	1	2	3	4	5	6	7	8	9	10	11	12
反向索引	-13	-12	-11	-10	-9	-8	-7	-6	-5	-4	-3	-2	-1

此外，还可以使用反向索引，实现上述同样的需求，但是索引位置会有变化，分别对应-13、-12、-11、-10、-9，代码如下：

```
str1[-13:-8]
```

代码输出结果如下所示。

```
Hello
```

同理，我们也可以截取原字符串中的"Python"子字符串，索引的位置是 6～12（包含 6 但不包含 12），代码如下：

```
str1[6:12]
```

代码输出结果如下所示。

```
'Python'
```

Python 提供了方便灵活的字符串运算，表 2-3 列出了可以用于字符串运算的运算符。

表 2-3　字符串运算符

序　　号	运　算　符	说　　明
1	+	字符串连接
2	*	重复输出字符串
3	[]	通过索引获取字符串中的字符
4	[:]	截取字符串中的一部分，遵循"左闭右开"的原则

序　号	运　算　符	说　　明
5	in	成员运算符，如果字符串中包含给定的字符，则返回值为 True
6	not in	成员运算符，如果字符串中不包含给定的字符，则返回值为 True
7	r/R	原始字符串，所有的字符串都是直接按照字面的意思来输出的
8	%	格式字符串

下面以成员运算符为例介绍字符串运算符。例如，我们需要判断 "Python" 是否在字符串 str1 中，代码如下：

```
'Python' in str1
```

代码输出结果如下所示。

```
True
```

输出结果为 True，即 "Python" 在字符串 str1 中，如果不存在则输出结果为 False。

2.1.3　列表（List）

列表是最常用的 Python 数据类型，使用方括号表示，数据项之间使用逗号分隔。注意列表中的数据项不需要具有相同的类型。例如，创建 3 个企业商品有效订单的列表，代码如下：

```
list1 = ['order_region', 2019, 2020]
list2 = [289, 258, 191, 153]
list3 = ["order_south", "order_north", "order_east", "order_west"]
```

运行上述代码创建 3 个列表，查看列表 list1，代码如下：

```
list1
```

代码输出结果如下所示。

```
['order_region', 2019, 2020]
```

查看列表 list2，代码如下：

```
list2
```

代码输出结果如下所示。

```
[289, 258, 191, 153]
```

查看列表 list3，代码如下：

```
list3
```

代码输出结果如下所示。

```
['order_south', 'order_north', 'order_east', 'order_west']
```

列表的索引与字符串的索引一样，也是从 0 开始的，也可以进行截取、组合等操作。例如，我们从列表 list3 中截取索引从 1 到 3，但不包含索引为 3 的字符串，代码如下：

```
list3[1:3]
```

代码输出结果如下所示。

```
['order_north', 'order_east']
```

可以对列表的数据项进行修改或更新，首先查看索引为 1 位置的数值，代码如下：

```
list1[1]
```

代码输出结果如下所示。

```
2019
```

然后修改列表 list1 中索引为 1 位置的数值，如将其修改为 "2019 年"，代码如下：

```
list1[1] = '2019年'
list1
```

代码输出结果如下所示。

```
['order_region', '2019年', 2020]
```

可以使用 del 语句来删除列表中的元素，代码如下：

```
del list1[1]
list1
```

代码输出结果如下所示。

```
['order_region', 2020]
```

也可以使用 append() 方法在尾部添加列表项，代码如下：

```
list1.append(2021)
list1
```

代码输出结果如下所示。

```
['order_region', 2020, 2021]
```

此外，还可以使用 insert() 方法在中间添加列表项，代码如下：

```
list1.insert(1,2019)
list1
```

代码输出结果如下所示。

```
['order_region', 2019, 2020, 2021]
```

2.1.4　元组（Tuple）

Python 的元组与列表类似，不同之处在于元组的元素不能被修改。需要注意的是，元组使用的是括号，而列表使用的是方括号。创建元组很简单，只需要在括号中添加元素，并使用逗号隔开即可。例如，创建 3 个企业商品有效订单的元组，代码如下：

```
tup1 = ('order_region', 2019, 2020)
tup2 = (289, 258, 191, 153)
tup3 = ("order_south", "order_north", "order_east", "order_west")
```

运行上述代码创建 3 个元组，查看元组 tup1，代码如下：

```
tup1
```

代码输出结果如下所示。

```
('order_region', 2019, 2020)
```

查看元组 tup2，代码如下：

```
tup2
```

代码输出结果如下所示。

```
(289, 258, 191, 153)
```

查看元组 tup3，代码如下：

```
tup3
```

代码输出结果如下所示。

```
('order_south', 'order_north', 'order_east', 'order_west')
```

当元组中只包含一个元素时，需要在元素后面添加逗号，代码如下：

```
tup4 = (2021,)
tup4
```

代码输出结果如下所示。

```
(2021,)
```

否则括号会被当作运算符使用，代码如下：

```
tup5 = (2021)
tup5
```

代码输出结果如下所示。

```
2021
```

元组的索引与字符串的索引一样，也是从 0 开始的，也可以进行截取、组合等操作。例如，我们从元组 tup3 中截取索引从 1 到 3，但不包含索引为 3 的元素，代码如下：

```
tup3[1:3]
```

代码输出结果如下。

```
('order_north', 'order_east')
```

在 Python 中，也可以通过"+"实现对元组的连接，运算后会生成一个新的元组，代码如下：

```
tup6 = tup1 + tup4
tup6
```

代码输出结果如下所示。

```
('order_region', 2019, 2020, 2021)
```

元组中的元素是不允许被修改和删除的。例如，修改元组 tup6 中第 4 个元素的数值，代码如下：

```
tup6[3] = 2022
```

运行上述代码，错误信息如下所示。

```
-----------------------------------------------------------------
TypeError                 Traceback (most recent call last)
<ipython-input-40-4dca61632e74> in <module>
----> 1 tup6[3] = 2022
TypeError: 'tuple' object does not support item assignment
```

2.1.5 集合（Set）

集合是一个无序的不重复元素序列，可以使用花括号"{}"或 set( )函数创建。需要注意的是，创建一个空集合，必须使用 set( )函数，因为花括号"{}"是用来创建一个空字典的。创建集合的语法格式如下：

```
parame = {value01, value02, ...}
```

或者

```
set(value)
```

下面以客户购买商品为例介绍集合的去重功能。假设某客户在 10 月购买了 6 次商品，分别是纸张、椅子、器具、配件、收纳具、配件，这里有重复的商品，我们可以借助集合删除重复值，代码如下：

```
order_oct = {'纸张','椅子','器具','配件','收纳具','配件'}
```

```
order_oct
```

代码输出结果如下所示。

```
{'器具', '收纳具', '椅子', '纸张', '配件'}
```

运行上述代码,可以看出已经删除了重复值,只保留了 5 种不同类型的商品名称。

同理,该客户在 11 月购买了 4 次商品,分别是装订机、椅子、器具、配件,代码如下:

```
order_nov = {'装订机','椅子','器具','配件'}
order_nov
```

代码输出结果如下所示。

```
{'器具', '椅子', '装订机', '配件'}
```

可以快速判断某个元素是否在某个集合中。例如,判断该客户在 10 月是否购买了"配件",代码如下:

```
'配件' in order_oct
```

代码输出结果如下所示。

```
True
```

此外,**Python** 中的集合与数学上的集合概念基本类似,也有交集、并集、差集和补集,集合之间关系的思维图如图 2-1 所示。

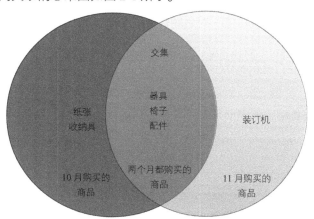

图 2-1　集合之间关系的思维图

集合的交集。例如,统计该客户在 10 月和 11 月所购买的重复商品,代码如下:

```
order_oct & order_nov
```

代码输出结果如下所示。

```
{'器具', '椅子', '配件'}
```

集合的并集。例如，统计该客户在 10 月和 11 月购买的所有商品，代码如下：

```
order_oct | order_nov
```

代码输出结果如下所示。

```
{'器具', '收纳具', '椅子', '纸张', '装订机', '配件'}
```

集合的差集。例如，统计该客户在 10 月和 11 月所购买的不重复商品，代码如下：

```
order_oct ^ order_nov
```

代码输出结果如下所示。

```
{'收纳具', '纸张', '装订机'}
```

集合的补集。例如，统计该客户在 10 月购买，而在 11 月没有购买的商品，代码如下：

```
order_oct - order_nov
```

代码输出结果如下所示。

```
{'收纳具', '纸张'}
```

2.1.6 字典（Dictionary）

字典是另一种可变容器模型，并且可以存储任意类型对象。字典的每个"键"和"值"用冒号分隔，每个"键-值"对之间用逗号分隔，整个字典包括在花括号中，语法格式如下：

```
dict = {key1:value1, key2:value2}
```

需要注意的是，"键-值"对中的键必须是唯一的，但是值可以不是唯一的，且数值可以取任何数据类型，但键必须是不可变的，如字符串或数字，代码如下：

```
dict1 = {'order_volume': 291}
dict2 = {'order_volume': 291, 2020:3}
dict3 = {'order_south':289,'order_north':258,'order_east':191,'order_
west':153}
```

运行上述代码，创建 3 个字典，查看字典 dict1，代码如下：

```
dict1
```

代码输出结果如下所示。

```
{'order_volume': 291}
```

查看字典 dict2，代码如下：

```
dict2
```

代码输出结果如下所示。

```
{'order_volume': 291, 2020: 3}
```

查看字典 dict3，代码如下：

```
dict3
```

代码输出结果如下所示。

```
{'order_south': 289, 'order_north': 258, 'order_east': 191, 'order_west':
153}
```

在 Python 中访问字典里的值时，要把相应的键放入方括号中。例如，读取字典 dict3 中键为 "order_north" 的值，代码如下：

```
dict3['order_north']
```

代码输出结果如下所示。

```
258
```

在 Python 中，如果字典里没有该键就会报错，代码如下：

```
dict3['order_southeast']
```

输出错误信息如下所示。

```
-------------------------------------------------------------------------
KeyError                    Traceback (most recent call last)
<ipython-input-20-88c91a4f85ec> in <module>
----> 1 dict3['order_southeast']
KeyError: 'order_southeast'
```

在 Python 中，向字典添加新内容的方法是增加新的 "键-值" 对，修改已有 "键-值" 对。例如，向字典 dict2 中添加键 "order_sales"，代码如下：

```
dict2['order_sales'] = 6965.18
dict2[2020] = 4
dict2
```

代码输出结果如下所示。

```
{'order_volume': 291, 2020: 4, 'order_sales': 6965.18}
```

在 Python 中，既能够删除字典中的单一元素，也能够清空和删除字典。例如，首先删除字典 dict2 中的键 "2020"，代码如下：

```
del dict2[2020]
dict2
```

　　代码输出结果如下所示。

```
{'order_volume': 291, 'order_sales': 6965.18}
```

　　然后清空字典 dict2，代码如下：

```
dict2.clear()
dict2
```

　　代码输出结果如下所示。

```
{}
```

　　最后删除字典 dict2，并查看字典 dict2，代码如下：

```
del dict2
dict2
```

　　代码输出结果如下所示，会报错提示字典没有被定义。

```
-------------------------------------------------------------------------
NameError                      Traceback (most recent call last)
<ipython-input-32-522e1a9638e7> in <module>
----> 1 dict2
NameError: name 'dict2' is not defined
```

2.2　Python 基础语法

2.2.1　基础语法：行与缩进

　　Python 使用空格来组织代码，而且一般使用 4 个空格（英文状态），但 R、C++、Java 和 Perl 等其他语言使用的是括号。例如，使用 for 循环计算 1 到 100 所有整数的和，代码如下：

```
sum = 0
for i in range(1,101):
sum = sum + i
print(sum)
```

　　代码输出结果如下所示。

```
5050
```

注意：Python 中的缩进空格数是可变的，但是在同一个代码块中必须包含相同数量的缩进空格。

在 Python 中，通常一行只编写一条语句，如果编写多条语句就需要使用分号（;）分隔。此外，如果语句很长，还可以使用反斜杠（\）来实现换行，但是在[]、{}或()中的多行语句不需要使用反斜杠，示例代码如下：

```
order_south = 289; order_north = 258; order_east = 191; order_west = 153
order_total = order_south + order_north + \
              order_east + order_west
region = ["order_south", "order_north",
              "order_east", "order_west"]
```

2.2.2　条件语句：if 及 if 嵌套

我们在前文看到的代码都是按照顺序执行的，也就是先执行第 1 条语句，然后是第 2 条语句、第 3 条语句……一直到最后一条语句，这被称为顺序结构。

但是对于很多情况，顺序结构的代码是远远不够的，比如一个程序限制了只能成年人使用，儿童因为年龄偏小没有权限使用。这时程序就需要做出判断，看用户是否是成年人，并给出提示。

在 Python 中，可以使用 if...else 语句对条件进行判断，然后根据不同的结果执行不同的代码，这被称为选择结构或分支结构。

Python 中的 if...else 语句可以细分为以下 3 种形式，分别是 if 语句、if...else 语句和 if 嵌套语句，它们的执行流程如图 2-2 至图 2-4 所示。

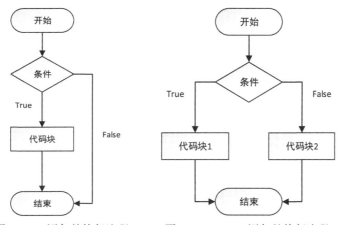

图 2-2　if 语句的执行流程　　　　图 2-3　if...else 语句的执行流程

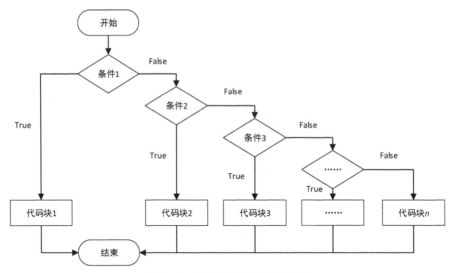

图 2-4　if 嵌套语句的执行流程

例如，在考试中，通常会将成绩划分为几个等级，这里就可以使用 if 嵌套语句实现，代码如下：

```
score = 93

if score < 60:
    print("不及格")
else:
    if score <= 75:
        print("一般")
    else:
        if score <= 85:
            print("良好")
        else:
            print("优秀")
```

代码输出结果如下所示。

优秀

当然这个需求还有很多可以实现的方法，这里就不再逐一列举了。

2.2.3　循环语句：while 与 for

在 Python 中，while 循环语句和 if 条件分支语句类似，即在条件（表达式）为真的情况下，会执行相应的代码块。不同之处在于，只要条件为真，while 就会一直重复执行代码块。

while 循环语句的语法格式如下：

```
while 条件表达式:
    代码块
```

这里的"代码块"指的是缩进格式相同的多行代码，不过在循环结构中，它又被称为循环体。while 循环语句执行的具体流程为：先判断条件表达式的值，如果其值为真（True），则执行代码块中的语句，当执行完毕后，再重新判断条件表达式的值是否为真（True），若仍为真（True），则继续重新执行代码块中的语句，如此循环，直到条件表达式的值为假（False），才终止循环。while 循环语句的流程图如图 2-5 所示。

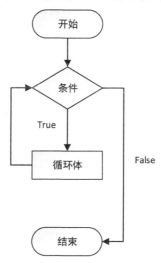

图 2-5　while 循环语句的流程图

在 Python 中，for 循环语句使用得比较频繁，常用于遍历字符串、列表、元组、字典、集合等序列类型，逐个获取序列中的各个元素。

for 循环语句的语法格式如下：

```
for 迭代变量 in 变量:
    代码块
```

其中，"迭代变量"用于存放从序列类型变量中读取出来的元素，所以一般不会在循环中对迭代变量手动赋值。"代码块"指的是具有相同缩进格式的多行代码（和 while 循环语句一样），由于和循环结构联用，因此又被称为循环体。for 循环语句的流程图如图 2-6 所示。

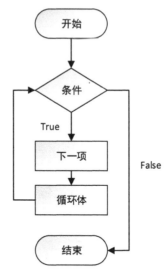

图 2-6　for 循环语句的流程图

下面介绍使用 while 循环语句输出九九乘法表，代码如下：

```
i = 1
while i <= 9:
    j = 1
    while j <= i:
        print('%d*%d=%2d\t'%(i,j,i*j),end='')
        j +=1
    print()
    i +=1
```

运行上述代码，输出结果如下所示。

```
1*1= 1
2*1= 2 2*2= 4
3*1= 3 3*2= 6 3*3= 9
4*1= 4 4*2= 8 4*3=12 4*4=16
5*1= 5 5*2=10 5*3=15 5*4=20 5*5=25
6*1= 6 6*2=12 6*3=18 6*4=24 6*5=30 6*6=36
7*1= 7 7*2=14 7*3=21 7*4=28 7*5=35 7*6=42 7*7=49
8*1= 8 8*2=16 8*3=24 8*4=32 8*5=40 8*6=48 8*7=56 8*8=64
9*1= 9 9*2=18 9*3=27 9*4=36 9*5=45 9*6=54 9*7=63 9*8=72 9*9=81
```

也可以使用 for 循环语句输出九九乘法表，代码如下：

```
for i in range(1, 10):
    for j in range(1, i + 1):
```

```
    print(j, '*', i, '=', i * j, end="\t")
print()
```

当然，九九乘法表还有很多实现方法，这里就不再进行详细阐述了。

2.2.4　格式化：format()函数

在 Python 中，对字符串进行格式化有 format()函数和%两种方法。其中，format()
函数是 Python 2.6 版本新增的一种格式化字符串函数，与之前的%格式化相比，优势比
较明显，下面重点讲解一下 format()函数及其使用方法。

1．利用 f-strings 进行格式化

Python 3.6 版本加入了一个新特性，即 f-strings，可以直接在字符串的前面加上 f
来格式化字符串。例如，输出 "2020 年 10 月华东地区的销售额是 61.58 万元。"的代
码如下：

```
region = '华东'
sales = 61.58
s = f'2020 年 10 月{region}地区的销售额是{sales}万元。'
print(s)
```

代码输出结果如下所示。

2020 年 10 月华东地区的销售额是 61.58 万元。

2．利用位置进行格式化

可以通过索引直接使用*号将列表打散，再通过索引取值。例如，输出 "2020 年 10
月华东地区的销售额是 61.58 万元，利润额是 3.01 万元。"的代码如下：

```
sales = ['华东',61.58,3.01]
s = '2020 年 10 月{0}地区的销售额是{1}万元，利润额是{2}万元。'.format(*sales)
print(s)
```

代码输出结果如下所示。

2020 年 10 月华东地区的销售额是 61.58 万元，利润额是 3.01 万元。

3．利用关键字进行格式化

也可以通过**号将字典打散，通过键 key 来取值。例如，输出 "2020 年 10 月华东
地区的销售额是 61.58 万元，利润额是 3.01 万元。"的代码如下：

```
d = {'region':'华东','sales':61.58,'profit':3.01}
s = '2020 年 10 月{region}地区的销售额是{sales}万元，利润额是{profit}万元。
'.format(**d)
print(s)
```

代码输出结果如下所示。

2020 年 10 月华东地区的销售额是 61.58 万元，利润额是 3.01 万元。

4．利用下标进行格式化

还可以利用下标 + 索引的方法进行格式化。例如，输出 "2020 年 10 月华东地区销售额是 61.58 万元，利润额是 3.01 万元。" 的代码如下：

```
sales = ['华东',61.58,3.01]
s = '2020年10月{0[0]}地区销售额是{0[1]}万元,利润额是{0[2]}万元。'.format(sales)
print(s)
```

代码输出结果如下所示。

2020 年 10 月华东地区销售额是 61.58 万元，利润额是 3.01 万元。

5．利用精度与类型进行格式化

精度与类型可以一起使用，格式为 { :.nf} .format(数字)，其中 ".n" 表示保留 n 位小数，对于整数直接保留固定位数的小数位。例如，输出 3.1416 和 26.00 的代码如下：

```
pi = 3.1415926
print('{:.4f}'.format(pi))


age = 26
print('{:.2f}'.format(age))
```

代码输出结果如下所示。

```
3.1416
26.00
```

6．利用千分位分隔符进行格式化

"{:,}".format()函数中的冒号加逗号，表示可以将一个数字每三位用逗号进行分隔。例如，输出 "123,456,789" 的代码如下：

```
print("{:,}".format(123456789))
```

代码输出结果如下所示。

```
123,456,789
```

2.3　Python 常用高阶函数

在 Python 中，高阶函数的抽象能力是非常强大的，如果用户在代码中善于利用这些高阶函数，则可以使代码变得简洁明了。

2.3.1　map()函数：数组迭代

Python 内建了 map()函数，该函数可以接收两个参数：一个是函数，另一个是迭代器（Iterator）。map()函数将传入的函数依次作用到序列的每一个元素上，并把结果作为新的迭代器（Iterator）返回。

例如，求一个数值型列表中各个数值的立方，返回的还是列表，就可以使用 map()函数实现，代码如下：

```
def f(x):
    return x**3

r = map(f, [1, 2, 3, 4, 5, 6, 7, 8, 9])
list(r)
```

代码输出结果如下所示。

```
[1, 8, 27, 64, 125, 216, 343, 512, 729]
```

map()函数传入的第 1 个参数是 f，即函数对象本身。由于结果 r 是一个迭代器，迭代器是惰性序列，因此通过 list()函数计算整个序列，并返回一个列表。

其实，这里可以不需要使用 map()函数，编写一个循环也可以实现该功能，代码如下：

```
def f(x):
    return x**3

S = []
for i in [1, 2, 3, 4, 5, 6, 7, 8, 9]:
    S.append(f(i))
print(S)
```

代码输出结果如下所示。

```
[1, 8, 27, 64, 125, 216, 343, 512, 729]
```

所以，map()函数作为高阶函数，它把运算规则抽象化。因此，我们不但可以计算简单的 f(x)=x**3，还可以计算任意复杂的函数。例如，把列表中所有的数字转为字符串，代码如下：

```
list(map(str,[1, 2, 3, 4, 5, 6, 7, 8, 9]))
```

代码输出结果如下所示。

```
['1', '2', '3', '4', '5', '6', '7', '8', '9']
```

从输出可以看出，列表中所有的数字都被转为了字符串。

2.3.2 reduce()函数：序列累积

reduce()函数可以接收 3 个参数：一个函数 f()、一个列表 list、一个可选的初始值，初始值的默认值是 0，reduce()函数传入的函数 f()必须接收两个参数，对列表（list）的每个元素反复调用 f()函数，并返回最终计算结果。

例如，计算列表[1, 2, 3, 4, 5]中所有数值的和，初始值是 100，代码如下：

```
from functools import reduce

list_a = [1,2,3,4,5]

def fn(x, y):
    return x + y

total = reduce(fn,list_a,100)
print(total)
```

代码输出结果如下所示。

```
115
```

此外，还可以使用 lambda()函数进一步简化程序，代码如下：

```
from functools import reduce

list_a = [1,2,3,4,5]

total = reduce(lambda x,y:x+y ,list_a,100)
print(total)
```

代码输出结果如下所示。

```
115
```

2.3.3 filter()函数：数值过滤

Python 内建的 filter()函数用于过滤序列，与 map()函数的作用类似，filter()函数也需要接收一个函数和一个序列。与 map()函数作用不同的是，filter()函数把传入的函数依次作用于每一个元素，然后根据返回值是 True 还是 False 决定保留还是丢弃该元素。

例如，利用 filter()函数过滤出 1～100 中平方根是整数的数，代码如下：

```
import math

def is_sqr(x):
    return math.sqrt(x) % 1 == 0

print(list(filter(is_sqr, range(1, 101))))
```

代码输出结果如下所示。

```
[1, 4, 9, 16, 25, 36, 49, 64, 81, 100]
```

其中，math.sqrt()是求平方根函数。

此外，filter()函数还可以处理缺失值。例如，将一个序列中的空字符串全部删除，代码如下：

```
def region(s):
    return s and s.strip()

list(filter(region, ['华东','','华北',None,'华南',' ']))
```

代码输出结果如下所示。

```
['华东', '华北', '华南']
```

从输出结果可以看出，使用 filter()函数，关键在于正确选择一个筛选函数。

注意：filter()函数返回的是一个迭代器（Iterator），也就是一个惰性序列，计算结果都需要使用 list()函数获得所有结果并返回列表。

2.3.4　sorted()函数：列表排序

排序也是在程序中经常用到的算法。无论是使用冒泡排序还是快速排序，排序的核心是比较两个元素的大小。如果是数字，则可以直接比较。如果是字符串或两个字典，则直接比较数学上的大小是没有意义的。因此，比较的过程必须通过函数抽象出来。

Python 内置的 sorted()函数就可以对列表进行排序，代码如下：

```
sorted([12, 2, -2, 8, -16])
```

代码输出结果如下所示。

```
[-16, -2, 2, 8, 12]
```

此外，sorted()函数也是一个高阶函数，可以接收一个 key()函数来实现自定义的排序。例如，按绝对值大小进行排序，代码如下：

```
sorted([12, 2, -2, 8, -16],key=abs)
```

代码输出结果如下所示。

```
[2, -2, 8, 12, -16]
```

key 指定的函数将作用于列表中的每一个元素，并根据 key()函数返回的结果进行排序。

我们再看一个字符串排序的示例，代码如下：

```
sorted(['Month', 'year', 'Day', 'hour'])
```

代码输出结果如下所示。

```
['Day', 'Month', 'hour', 'year']
```

在默认情况下，对字符串排序是按照 ASCII 码值的大小进行排序的，大写字母会排列在小写字母的前面。

现在，我们提出排序时忽略字母大小写，按照字母顺序排序。要实现这个算法，不必对现有代码大加改动，只需要使用一个 key()函数把字符串映射为忽略字母大小写的排序即可。忽略字母大小写来比较两个字符串，实际上就是先把字符串都变成大写字母（或都变成小写字母），再比较。

这样，我们在 sorted()函数中传入 key()函数，即可实现忽略字母大小写的排序，代码如下：

```
sorted(['Month', 'year', 'Day', 'hour'],key=str.lower)
```

代码输出结果如下所示。

```
['Day', 'hour', 'Month', 'year']
```

要进行反向排序，不必修改 key()函数，可以传入第 3 个参数 reverse=True，代码如下：

```
sorted(['Month', 'year', 'Day', 'hour'], key=str.lower, reverse=True)
```

代码输出结果如下所示。

```
['year', 'Month', 'hour', 'Day']
```

2.4 Python 编程技巧

2.4.1 Tab 键自动补全程序

JupyterLab 与 Spyder、PyCharm 等交互计算分析环境一样，都有 Tab 键补全功能，在 Shell 中输入表达式，按下键盘上的 Tab 键，会搜索已经输入的变量（对象、函数等）。

　　例如，输入"在 2020 年企业总的销售额为 6965.18 万元"，变量名为 order_sales。

```
order_sales = 6965.18
```

　　再输入"在 2020 年企业总的利润额为 28.39 万元"，变量名为 order_profit。

```
order_profit = 28.39
```

　　在 JupyterLab 中输入"order"，然后按下键盘上的 Tab 键，就会弹出相关的变量，即可自动补全变量，如图 2-7 所示。

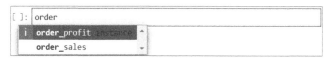

图 2-7　自动补全变量

　　可以看出，JupyterLab 呈现之前定义的变量及函数等，可以根据需要选择。当然，也可以补全任何对象的方法和属性。例如，企业在 2020 年不同区域的销售额的变量名为 order_volume，在 JupyterLab 中输入"order_volume"，然后按下键盘上的 Tab 键，就会弹出相关的函数，即可自动补全函数，如图 2-8 所示。

```
order_volume = [289, 258, 191, 153]
```

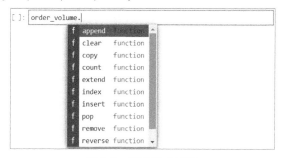

图 2-8　自动补全函数

2.4.2　多个变量的数值交换

　　如果我们需要交换变量 a 和 b 中的内容，则可以定义一个临时变量 temp，先将变量 a 的值赋值给临时变量 temp，再将变量 b 的值赋值给变量 a，最后将临时变量 temp 的值赋值给变量 b，完成两个变量值的交换。

　　代码如下：

```
a = 66; b = 88
temp = a
```

```
a = b
b = temp
print('a =',a)
print('b =',b)
```

代码输出结果如下所示。

```
a = 88
b = 66
```

这段代码在 Python 中其实可以被修改为下面的简洁形式，代码如下：

```
a = 66; b = 88
a, b = b, a
print('a =',a)
print('b =',b)
```

2.4.3　列表解析式筛选元素

如果我们需要把 2020 年企业各个季度的订单列表中的数值都加上 60，则可以使用 for 循环语句遍历整个列表，代码如下：

```
order_volume = [289, 258, 191, 153]
for i in range(len(order_volume)):
    order_volume[i] = order_volume[i] + 60
print(order_volume)
```

代码输出结果如下所示。

```
[349, 318, 251, 213]
```

上述需求还可以使用列表解析式的方法实现，代码如下：

```
order_volume = [289, 258, 191, 153]
order_volume = [x + 60 for x in order_volume]
print(order_volume)
```

其中，方括号中的后半部分 "for x in order_volume" 是在告诉 Python 这里需要枚举变量中的所有元素，而其中的每个元素的名字叫作 x，方括号中的前半部分 "x + 60" 则是将这里的每个数值 x 加上 60。

代码输出结果如下所示。

```
[349, 318, 251, 213]
```

列表解析式还有另外一个应用，就是筛选或过滤列表中的元素。例如，筛选出变量 order_volume 中大于 200 的数据，代码如下：

```
order_volume = [289, 258, 191, 153]
order_volume = [x for x in order_volume if x > 200]
print(order_volume)
```

代码输出结果如下所示。

```
[289, 258]
```

我们可以这样理解上述第 2 行代码的含义：新的列表由 x 构成，而 x 是来源于之前的变量 order_volume，并且需要满足 if 语句中的条件。

2.4.4　遍历函数

在遍历列表时，如果希望同时得到每个元素在列表中对应的索引值，则可以使用 enumerate()函数，它会在每一次循环的过程中提供两个参数，第 1 个 i 代表列表元素的索引值，第 2 个 k 代表列表中的元素。

例如，返回列表 province 的索引值和元素，代码如下：

```
province=['上海市', '江苏省', '安徽省', '浙江省', '福建省', '江西省', '山东省']
for i, k in enumerate(province):
    print(i, k)
```

代码输出结果如下所示。

```
0 上海市
1 江苏省
2 安徽省
3 浙江省
4 福建省
5 江西省
6 山东省
```

我们还可以使用 Python 内置的 sorted()函数对列表进行排序，它会返回一个新的经过排序后的列表，代码如下：

```
province=['上海市', '江苏省', '安徽省', '浙江省', '福建省', '江西省', '山东省']
for i, k in enumerate(sorted(province)):
    print(i, k)
```

代码输出结果如下所示。

```
0 上海市
1 安徽省
2 山东省
3 江苏省
```

4 江西省

5 浙江省

6 福建省

在遍历元素时，如果加入 reversed()函数就可以实现反向遍历，代码如下：

```
province=['上海市', '江苏省', '安徽省', '浙江省', '福建省', '江西省', '山东省']
for i, k in enumerate(reversed(province)):
    print(i, k)
```

代码输出结果如下所示。

0 山东省

1 江西省

2 福建省

3 浙江省

4 安徽省

5 江苏省

6 上海市

2.4.5 split()函数：序列解包

序列解包是 Python 3.10 版本之后才有的语法，可以使用这种方法将元素序列解包到另一组变量中。例如，变量 province 中存储了华东地区及其具体省市的名称，如果我们想要单独提取出地区名称和省市名称，并把它们分别存储到不同的变量中，则可以利用字符串对象的 split()函数，把这个字符串按冒号分割成多个字符串，代码如下：

```
province = '华东地区：上海市, 江苏省, 安徽省, 浙江省, 福建省, 江西省, 山东省'
region, province_south = province.split(': ')
print(region)
print(province_south)
```

代码输出结果如下所示。

华东地区

上海市, 江苏省, 安徽省, 浙江省, 福建省, 江西省, 山东省

上述代码直接将 split()函数返回的列表中的元素赋值给变量 region 和变量 province_south。这种方法并不会只限于列表和元组，而是适用于任意的序列，甚至包括字符串序列。只要赋值运算符左边的变量数目与序列中的元素数目相等即可。

解包的使用还可以利用"*"表达式获取单个变量中的多个元素，只要它的解释没有歧义即可，"*"表达式获取的值默认为列表，代码如下：

```
a, b, *c = 7.05, 5.66, 4.11, 6.18, 3.09, 2.81
```

```
print(a)
print(b)
print(c)
```

代码输出结果如下所示。

```
7.05
5.66
[4.11, 6.18, 3.09, 2.81]
```

上述代码获取的是右侧的剩余部分，还可以获取中间部分，代码如下：

```
a, *b, c = 7.05, 5.66, 4.11, 6.18, 3.09, 2.81
print(a)
print(b)
print(c)
```

代码输出结果如下所示。

```
7.05
[5.66, 4.11, 6.18, 3.09]
2.81
```

2.5　上机实践题

练习 1：统计某字符串中英文、空格、数字和其他字符的个数。

练习 2：利用列表解析式过滤出 1～200 中平方根是整数的数。

练习 3：使用 translate() 函数去掉字符串中的数字且其他不改动。

第 3 章

利用 Python 进行数据准备

在实际项目中，我们需要从不同的数据源中提取数据，进行准确性检查、转换和合并整理，并载入数据库，从而供应用程序分析和应用，这一过程就是数据准备。数据只有经过清洗、贴标签、注释和准备后，才能成为宝贵的资源。本章将详细介绍使用 Python 进行数据准备的方法，包括数据的读取、索引、切片、删除、排序、聚合、透视、合并等。

3.1　数据的读取

在分析数据之前，需要准备"食材"，也就是数据，主要包括商品的属性数据、客户的订单数据、客户的退单数据等。本节将介绍 Python 读取本地离线数据、Web 在线数据、数据库数据等各种存储形式的数据。

3.1.1　读取本地离线数据

1．读取.txt 格式的数据

使用 Pandas 库中的 read_table()函数，Python 可以直接读取.txt 格式的数据，代码如下：

```
import pandas as pd

data = pd.read_table('D:\Python 办公自动化实战：让工作化繁为简\ch03\orders.txt',
delimiter=',', encoding='UTF-8')
print(data[['order_id','order_date','cust_id']])
```

在 JupyterLab 中运行上述代码，输出结果如下所示。

```
           order_id    order_date    cust_id
0      CN-2014-100007    2014/1/1   Cust-11980
1      CN-2014-100001    2014/1/1   Cust-12430
2      CN-2014-100002    2014/1/1   Cust-12430
3      CN-2014-100003    2014/1/1   Cust-12430
4      CN-2014-100004    2014/1/1   Cust-13405
...
19485  CN-2020-101502    2020/6/30  Cust-18715
19486  CN-2020-101503    2020/6/30  Cust-18715
19487  CN-2020-101499    2020/6/30  Cust-19900
19488  CN-2020-101500    2020/6/30  Cust-19900
19489  CN-2020-101505    2020/6/30  Cust-21790

[19490 rows x 3 columns]
```

2．读取.csv 格式的数据

使用 Pandas 库中的 read_csv()函数，Python 可以直接读取.csv 格式的数据，代码如下：

```
#连接 CSV 数据文件
import pandas as pd
```

```
data = pd.read_csv('D:\Python 办公自动化实战：让工作化繁为简\ch03\orders.csv',
delimiter=',', encoding='UTF-8')
print(data[['order_id','order_date','cust_type']])
```

在 JupyterLab 中运行上述代码，输出结果如下所示。

```
          order_id   order_date   cust_type
0      CN-2014-100007  2014/1/1     消费者
1      CN-2014-100001  2014/1/1     小型企业
2      CN-2014-100002  2014/1/1     小型企业
3      CN-2014-100003  2014/1/1     小型企业
4      CN-2014-100004  2014/1/1     消费者
...
19485  CN-2020-101502  2020/6/30    公司
19486  CN-2020-101503  2020/6/30    公司
19487  CN-2020-101499  2020/6/30    消费者
19488  CN-2020-101500  2020/6/30    消费者
19489  CN-2020-101505  2020/6/30    消费者

[19490 rows x 3 columns]
```

3．读取 Excel 文件数据

使用 Pandas 库中的 read_excel()函数，Python 可以直接读取 Excel 文件数据，代码如下：

```
#连接 Excel 数据文件
import pandas as pd

data = pd.read_excel('D:\Python 办公自动化实战：让工作化繁为简\ch03\orders.xls')
print(data[['order_id','order_date','product_id']])
```

在 JupyterLab 中运行上述代码，输出结果如下所示。

```
          order_id   order_date   product_id
0      CN-2014-100007  2014-01-01  Prod-10003020
1      CN-2014-100001  2014-01-01  Prod-10003736
2      CN-2014-100002  2014-01-01  Prod-10000501
3      CN-2014-100003  2014-01-01  Prod-10002358
4      CN-2014-100004  2014-01-01  Prod-10004748
...
19485  CN-2020-101502  2020-06-30  Prod-10002305
19486  CN-2020-101503  2020-06-30  Prod-10004471
19487  CN-2020-101499  2020-06-30  Prod-10000347
```

```
19488  CN-2020-101500 2020-06-30  Prod-10002353
19489  CN-2020-101505 2020-06-30  Prod-10004787

[19490 rows x 3 columns]
```

3.1.2　读取 Web 在线数据

　　Python 可以读取 Web 在线数据，这里选取的数据集是 UCI 上的红酒数据集，该数据集是对意大利同一地区种植的葡萄酒进行化学分析的结果，这些葡萄酒来自 3 种不同的品种，分析确定了 3 种葡萄酒中每种葡萄酒含有的 13 种成分的数量。不同种类的酒品，它的成分也会有所不同，通过对这些成分的分析就可以对不同的特定的葡萄酒进行分类分析，原始数据集共有 178 个样本数、3 种数据类别，每个样本有 13 个属性。

　　Python 读取红酒在线数据集的代码如下：

```
#导入相关库
import numpy as np
import pandas as pd
import urllib.request

url = 'http://archive.ics.uci.edu//ml//machine-learning-databases//wine//
wine.data'

raw_data = urllib.request.urlopen(url)
dataset_raw = np.loadtxt(raw_data, delimiter=",")
df = pd.DataFrame(dataset_raw)
print(df.head())
```

　　在 JupyterLab 中运行上述代码，输出结果如下所示。

```
    0     1     2     3     4     5     6     7     8     9     10    11  ...
0  1.0  14.23  1.71  2.43  15.6  127.0  2.80  3.06  0.28  2.29  5.64  ...
1  1.0  13.20  1.78  2.14  11.2  100.0  2.65  2.76  0.26  1.28  4.38  ...
2  1.0  13.16  2.36  2.67  18.6  101.0  2.80  3.24  0.30  2.81  5.68  ...
3  1.0  14.37  1.95  2.50  16.8  113.0  3.85  3.49  0.24  2.18  7.80  ...
4  1.0  13.24  2.59  2.87  21.0  118.0  2.80  2.69  0.39  1.82  4.32  ...
```

3.1.3　读取常用数据库中的数据

1．读取 MySQL 数据库中的数据

　　Python 可以直接读取 MySQL 数据库中的数据，连接之前需要安装 pymysql 库。例如，统计汇总数据库 orders 表中 2020 年不同类型商品的销售额和利润额，代码如下：

```
#连接 MySQL 数据库
import pandas as pd
import pymysql
```

```
#读取 MySQL 数据库中的数据
conn = pymysql.connect(host='192.168.93.207',port=3306,user='root',password='
Wren_2014',db='sales',charset='utf8')
sql_num = "SELECT category,ROUND(SUM(sales/10000),2) as sales,ROUND(SUM
(profit/10000),2) as profit FROM orders where dt=2020 GROUP BY category"
data = pd.read_sql(sql_num,conn)
print(data)
```

在 JupyterLab 中运行上述代码，输出结果如下所示。

```
  category   sales  profit
0   办公用品   79.13    5.65
1     技术   78.35    4.11
2     家具   87.51    4.54
```

2．读取 SQL Server 数据库中的数据

Python 可以直接读取 SQL Server 数据库中的数据，连接之前需要安装 pymssql 库。例如，查询数据库 orders 表中 2020 年利润额在 400 元以上的所有订单，代码如下：

```
#连接 SQL Server 数据库
import pandas as pd
import pymssql
```

```
#读取 SQL Server 数据库中的数据
conn = pymssql.connect(host='192.168.93.207',user='sa',password='Wren2014',
database='sales',charset='utf8')
sql_num = "SELECT order_id,sales,profit FROM orders where dt=2020 and
profit>400"
data = pd.read_sql(sql_num,conn)
print(data)
```

在 JupyterLab 中运行上述代码，输出结果如下所示。

```
       order_id     sales   profit
0  CN-2020-100004  10514.03  472.33
1  CN-2020-100085   7341.60  479.14
2  CN-2020-100115   6668.90  472.64
3  CN-2020-100113  10326.40  408.29
4  CN-2020-100148   5556.60  486.06
...
```

```
56  CN-2020-101326   11486.16   420.28
57  CN-2020-101365    7188.30   406.57
58  CN-2020-101370    8346.74   408.02
59  CN-2020-101471    7982.10   407.52
60  CN-2020-101509    6919.08   468.66

[61 rows x 3 columns]
```

3.2　数据的索引

索引是对数据中一列或多列的值进行排序的一种结构，使用索引可以快速访问数据中的特定信息。本节将会介绍 Python 如何创建索引、重构索引、调整索引等，使用的数据文件为"2020 年两个学期学生考试成绩.xls"。

3.2.1　set_index()函数：创建索引

在创建索引之前，先创建一个由 4 名学生考试成绩构成的数据集，代码如下：

```
import numpy as np
import pandas as pd
score = {'学期':['第一学期','第一学期','第一学期','第二学期','第二学期','第二学期'],'课程':['语文', '英语', '数学', '语文', '英语', '数学'],
        '李四': [90,92,88,94,92,87],'王五': [91,85,89,92,88,82],'张三':
[89,98,85,82,85,95],'赵六': [96,90,83,85,99,80]}
score = pd.DataFrame(score)
score
```

运行上述代码，创建的数据集如下所示。

```
     学期      课程   李四   王五   张三   赵六
0   第一学期    语文   90   91   89   96
1   第一学期    英语   92   85   98   90
2   第一学期    数学   88   89   85   83
3   第二学期    语文   94   92   82   85
4   第二学期    英语   92   88   85   99
5   第二学期    数学   87   82   95   80
```

使用 index（索引）可以查看所有数据集，默认是从 0 开始步长为 1 的数值索引，代码如下：

```
score.index
```

代码输出结果如下所示。

```
RangeIndex(start=0, stop=6, step=1)
```

set_index()函数可以将其一列转换为行索引，代码如下：

```
score1 = score.set_index(['课程'])
score1
```

代码输出结果如下所示。

课程	学期	李四	王五	张三	赵六
语文	第一学期	90	91	89	96
英语	第一学期	92	85	98	90
数学	第一学期	88	89	85	83
语文	第二学期	94	92	82	85
英语	第二学期	92	88	85	99
数学	第二学期	87	82	95	80

set_index()函数还可以将其多列转换为行索引，代码如下：

```
score1 = score.set_index(['学期','课程'])
score1
```

代码输出结果如下所示。

学期	课程	李四	王五	张三	赵六
第一学期	语文	90	91	89	96
	英语	92	85	98	90
	数学	88	89	85	83
第二学期	语文	94	92	82	85
	英语	92	88	85	99
	数学	87	82	95	80

在默认情况下，索引列字段会从数据集中移除，但是通过设置 drop 参数也可以将其保留下来，代码如下：

```
score.set_index(['学期','课程'],drop=False)
```

代码输出结果如下所示。

学期	课程	学期	课程	李四	王五	张三	赵六
第一学期	语文	第一学期	语文	90	91	89	96
	英语	第一学期	英语	92	85	98	90
	数学	第一学期	数学	88	89	85	83
第二学期	语文	第二学期	语文	94	92	82	85
	英语	第二学期	英语	92	88	85	99
	数学	第二学期	数学	87	82	95	80

3.2.2　unstack()函数：重构索引

reset_index()函数的功能与 set_index()函数的功能相反，层次化索引的级别会被转移到数据集中的列里面，代码如下：

```
score1.reset_index()
```

代码输出结果如下所示。

	学期	课程	李四	王五	张三	赵六
0	第一学期	语文	90	91	89	96
1	第一学期	英语	92	85	98	90
2	第一学期	数学	88	89	85	83
3	第二学期	语文	94	92	82	85
4	第二学期	英语	92	88	85	99
5	第二学期	数学	87	82	95	80

可以通过 unstack()函数对数据集进行重构，其功能类似于 pivot()函数的功能，不同之处在于，unstack()函数是针对索引或标签的，即将列索引转成最内层的行索引；而 pivot()函数则是针对列的值，即指定某列的值作为行索引，代码如下：

```
score1.unstack()
```

代码输出结果如下所示。

	李四			王五			张三			赵六		
课程	数学	英语	语文	数学	英语	语文	数学	英语	语文	数学	英语	语文
学期												
第一学期	88	92	90	89	85	91	85	98	89	83	90	96
第二学期	87	92	94	82	88	92	95	85	82	80	99	85

此外，stack()函数是 unstack()函数的逆运算，代码如下：

```
score1.unstack().stack()
```

代码输出结果如下所示。

学期	课程	李四	王五	张三	赵六
第一学期	数学	88	89	85	83
	英语	92	85	98	90
	语文	90	91	89	96
第二学期	数学	87	82	95	80
	英语	92	88	85	99
	语文	94	92	82	85

3.2.3 swaplevel()函数：调整索引

有时，可能需要调整索引的顺序，swaplevel()函数接收两个级别编号或名称，并返回一个互换了级别的新对象。例如，对学期和课程的索引级别进行调整，代码如下：

```
score1.swaplevel('学期','课程')
```

代码输出结果如下所示。

课程	学期	李四	王五	张三	赵六
语文	第一学期	90	91	89	96
英语	第一学期	92	85	98	90
数学	第一学期	88	89	85	83
语文	第二学期	94	92	82	85
英语	第二学期	92	88	85	99
数学	第二学期	87	82	95	80

sort_index()函数可以对数据进行排序，参数 level 设置需要排序的列。需要注意的是，这里的列包含索引列，第 1 列是 0（"学期"列），第 2 列是 1（"课程"列），代码如下：

```
score1.sort_index(level=1)
```

代码输出结果如下所示。

学期	课程	李四	王五	张三	赵六
第一学期	数学	88	89	85	83
第二学期	数学	87	82	95	80
第一学期	英语	92	85	98	90
第二学期	英语	92	88	85	99
第一学期	语文	90	91	89	96
第二学期	语文	94	92	82	85

3.3 数据的切片

在解决各种实际问题的过程中，经常会遇到从某个对象中提取部分数据的情况，切片操作可以完成这个任务。本节将会介绍 Python 如何提取一列或多列数据、一行或多行数据、指定区域的数据等，使用的数据文件为"2020 年第二学期学生考试成绩.xls"。

3.3.1 提取一列或多列数据

在介绍数据切片之前，需要创建一个由 4 名学生学习成绩构成的数据集，代码如下：

```
import numpy as np
import pandas as pd
score = {'李四': [90,91,87,92,95,85],'王五': [91,85,89,92,88,82],'张三':
[89,98,85,82,85,95],'赵六': [96,90,83,85,99,80]}
score = pd.DataFrame(score, index=['数学','语文','英语','物理','化学','生物
'])
score
```

运行上述代码，创建的数据集如下所示。

```
     李四   王五   张三   赵六
数学   90   91   89   96
语文   91   85   98   90
英语   87   89   85   83
物理   92   92   82   85
化学   95   88   85   99
生物   85   82   95   80
```

可以提取某一列数据，代码如下：

```
score['王五']
```

代码输出结果如下所示。

```
数学   91
语文   85
英语   89
物理   92
化学   88
生物   82
Name: 王五, dtype: int64
```

可以提取某几列连续和不连续的数据，如提取两列数据，代码如下：

```
score[['王五','赵六']]
```

代码输出结果如下所示。

```
     王五   赵六
数学   91   96
语文   85   90
英语   89   83
物理   92   85
化学   88   99
生物   82   80
```

3.3.2　提取一行或多行数据

可以使用 loc()函数和 iloc()函数获取特定行的数据。其中，iloc()函数是通过行号获取数据的，而 loc()函数则是通过行标签索引数据的。例如，提取第 2 行数据，代码如下：

```
score.iloc[1]
```

代码输出结果如下所示。

```
李四    91
王五    85
张三    98
赵六    90
Name: 语文, dtype: int64
```

也可以提取几行数据，需要注意的是，行号也是从 0 开始的，区间是左闭右开。例如，提取第 3 行～第 5 行的数据，代码如下：

```
score.iloc[2:5]
```

代码输出结果如下所示。

```
      李四   王五   张三   赵六
英语   87   89    85    83
物理   92   92    82    85
化学   95   88    85    99
```

如果不指定 iloc()函数的行索引的初始值，则默认从 0 开始，即第 1 行，代码如下：

```
score.iloc[:3]
```

代码输出结果如下所示。

```
      李四   王五   张三   赵六
数学   90   91    89    96
语文   91   85    98    90
英语   87   89    85    83
```

3.3.3　提取指定区域的数据

使用 iloc()函数还可以提取指定区域的数据。例如，提取第 3 行～第 5 行的数据、第 2 列～第 3 列的数据，代码如下：

```
score.iloc[2:5,1:3]
```

代码输出结果如下所示。

```
      王五    张三
```

英语	89	85
物理	92	82
化学	88	85

此外，如果不指定区域中列索引的初始值，那么从第 1 列开始，代码如下：

```
score.iloc[2:5,:3]
```

代码输出结果如下所示。

	李四	王五	张三
英语	87	89	85
物理	92	92	82
化学	95	88	85

同理，如果不指定列索引的结束值，那么提取后面的所有列。

3.4 数据的删除

Pandas 库有 3 个用来删除数据的函数：drop()、drop_duplicates()、dropna()。其中 drop()函数用于删除行或列中的数据，drop_duplicates()函数用于删除重复数据，dropna() 函数用于删除空值。本节将会介绍如何删除一行或多行数据、一列或多列数据、指定的列表对象等，使用的数据文件为"2020 年第二学期学生考试成绩.xls"。

3.4.1 删除一行或多行数据

在介绍如何用 Pandas 库删除数据之前，还是创建一个关于 4 名学生学习成绩的数据集，代码如下：

```
import numpy as np
import pandas as pd
score = {'李四': [90,91,87,92,95,85],'王五': [91,85,89,92,88,82],'张三':
[89,98,85,82,85,95],'赵六': [96,90,83,85,99,80]}
score = pd.DataFrame(score, index=['数学','语文','英语','物理','化学','生物'])
score
```

运行上述代码，创建的数据集如下所示。

	李四	王五	张三	赵六
数学	90	91	89	96
语文	91	85	98	90
英语	87	89	85	83

物理	92	92	82	85
化学	95	88	85	99
生物	85	82	95	80

drop()函数默认删除行数据，参数是行索引。例如，删除一行数据，代码如下：

```
score.drop('化学')
```

代码输出结果如下所示。

	李四	王五	张三	赵六
数学	90	91	89	96
语文	91	85	98	90
英语	87	89	85	83
物理	92	92	82	85
生物	85	82	95	80

还可以删除几行连续和不连续的数据。例如，删除化学和生物的考试成绩，代码如下：

```
score.drop(['化学','生物'])
```

代码输出结果如下所示。

	李四	王五	张三	赵六
数学	90	91	89	96
语文	91	85	98	90
英语	87	89	85	83
物理	92	92	82	85

3.4.2 删除一列或多列数据

对于列数据的删除，可以通过设置参数 axis=1 实现（如果不设置参数 axis，则 drop()函数的参数默认为 axis=0，即对行进行操作）。例如，删除 1 名学生的考试成绩，代码如下：

```
score.drop('李四',axis=1)
```

代码输出结果如下所示。

	王五	张三	赵六
数学	91	89	96
语文	85	98	90
英语	89	85	83
物理	92	82	85
化学	88	85	99
生物	82	95	80

也可以通过设置 axis='columns'实现删除列数据。例如，删除两名学生的考试成绩，代码如下：

```
score.drop(['李四','赵六'],axis='columns')
```

代码输出结果如下所示。

```
      王五   张三
数学    91    89
语文    85    98
英语    89    85
物理    92    82
化学    88    85
生物    82    95
```

此外，drop()函数的可选参数 inplace，默认值为 False，即不改变原数组。如果将其值设置为 True，则原始数组直接会被修改，代码如下：

```
score.drop('张三',axis=1,inplace=True)
score
```

代码输出结果如下所示。

```
      李四   王五   赵六
数学    90    91    96
语文    91    85    90
英语    87    89    83
物理    92    92    85
化学    95    88    99
生物    85    82    80
```

3.4.3 删除指定的列表对象

一般来说，我们不需要删除一个列表对象，因为列表对象离开作用域后会自动失效。如果想要明确地删除整个列表，则可以使用 del 语句，代码如下：

```
del score
score
```

代码输出结果如下所示，可以看出 score 数据集已经被删除。

```
---------------------------------------------------------------------
NameError                    Traceback (most recent call last)
<ipython-input-38-d2d780e36333> in <module>
----> 1 score
NameError: name 'score' is not defined
```

3.5 数据的排序

排序的目的是将一组"无序"的数据序列调整为"有序"的数据序列，本节将会介绍如何按索引排序和按数值排序等，使用的数据文件为"2020年第二学期学生考试成绩.xls"。

3.5.1 按行索引对数据进行排序

在介绍如何使用 Pandas 库排序数据之前，还是创建一个关于 4 名学生学习成绩的数据集，代码如下：

```
import numpy as np
import pandas as pd
score = {'李四': [90,91,87,92,95,85],'王五': [91,85,89,92,88,82],'张三':
[89,98,85,82,85,95],'赵六': [96,90,83,85,99,80]}
score = pd.DataFrame(score, index=['数学','语文','英语','物理','化学','生物'])
score
```

运行上述代码，创建的数据集如下所示。

	李四	王五	张三	赵六
数学	90	91	89	96
语文	91	85	98	90
英语	87	89	85	83
物理	92	92	82	85
化学	95	88	85	99
生物	85	82	95	80

使用 sort_index()函数对数据集按行索引进行排序，代码如下：

```
score.sort_index()
```

代码输出结果如下所示。

	李四	王五	张三	赵六
化学	95	88	85	99
数学	90	91	89	96
物理	92	92	82	85
生物	85	82	95	80
英语	87	89	85	83
语文	91	85	98	90

3.5.2　按列索引对数据进行排序

可以通过设置 axis=1 实现按列索引对数据集进行排序，代码如下：

```
score.sort_index(axis=1)
```

代码输出结果如下所示。

	张三	李四	王五	赵六
数学	89	90	91	96
语文	98	91	85	90
英语	85	87	89	83
物理	82	92	92	85
化学	85	95	88	99
生物	95	85	82	80

默认是按升序排列的，但也可以按降序排列。参数 ascending 的默认值为 True，即按升序排列；如果将参数 ascending 的值设置为 False 就按降序排列，代码如下：

```
score.sort_index(axis=1, ascending=False)
```

代码输出结果如下所示。

	赵六	王五	李四	张三
数学	96	91	90	89
语文	90	85	91	98
英语	83	89	87	85
物理	85	92	92	82
化学	99	88	95	85
生物	80	82	85	95

3.5.3　按一列或多列对数据进行排序

使用 sort_values() 函数，并设置 by 参数，可以根据某一个列中的值进行排序，代码如下：

```
score.sort_values(by='张三', ascending=True)
```

代码输出结果如下所示。

	李四	王五	张三	赵六
物理	92	92	82	85
英语	87	89	85	83
化学	95	88	85	99
数学	90	91	89	96
生物	85	82	95	80
语文	91	85	98	90

如果要根据多个数据列中的值进行排序，则 by 参数需要传入名称列表，代码如下：

```
score.sort_values(by=['张三','赵六'], ascending=False)
```

代码输出结果如下所示。

	李四	王五	张三	赵六
语文	91	85	98	90
生物	85	82	95	80
数学	90	91	89	96
化学	95	88	85	99
英语	87	89	85	83
物理	92	92	82	85

3.5.4　按一行或多行对数据进行排序

对于行数据的排序，可以先转置数据集，再按照上述列数据的排序方法进行排序，代码如下：

```
scoreT = score.T
scoreT.sort_values(by=['物理','化学'], ascending=True)
```

代码输出结果如下所示。

	数学	语文	英语	物理	化学	生物
张三	89	98	85	82	85	95
赵六	96	90	83	85	99	80
王五	91	85	89	92	88	82
李四	90	91	87	92	95	85

3.6　数据的聚合

数据聚合通过转换数据将每一个数组生成一个单一的数值。本节将会介绍按指定列聚合数据、分组聚合、自定义聚合等，使用的数据文件为"2020 年两个学期学生考试成绩.xls"。

3.6.1　level 参数：指定列聚合数据

在介绍数据聚合之前，还是创建一个关于 4 名学生学习成绩的数据集，代码如下：

```
import numpy as np
import pandas as pd
score = {'课程':['数学', '语文', '英语', '数学', '语文', '英语'],'学期':['第一
学期','第一学期','第一学期','第二学期','第二学期','第二学期'],
        '李四': [90,92,88,94,92,87],'王五': [91,87,89,93,88,83],'张三':
[89,98,86,83,86,95],'赵六': [96,91,83,85,96,80]}
score = pd.DataFrame(score)
score = score.set_index(['学期','课程'])
score
```

运行上述代码，创建的数据集如下所示。

学期	课程	李四	王五	张三	赵六
第一学期	数学	90	91	89	96
	语文	92	87	98	91
	英语	88	89	86	83
第二学期	数学	94	93	83	85
	语文	92	88	86	96
	英语	87	83	95	80

可以使用 level 参数指定在某列上进行数据统计。例如，统计每个学生两个学期的平均成绩，代码如下：

```
score.mean(level='学期')
```

代码输出结果如下所示。

学期	李四	王五	张三	赵六
第一学期	90	89	91	90
第二学期	91	88	88	87

level 参数不仅可以使用列名称，还可以使用列索引号。例如，统计每个学生每门课的平均成绩，代码如下：

```
score.mean(level=1)
```

代码输出结果如下所示。

课程	李四	王五	张三	赵六
数学	92.0	92.0	86.0	90.5
语文	92.0	87.5	92.0	93.5
英语	87.5	86.0	90.5	81.5

3.6.2　groupby()函数：分组聚合

下面重新创建一个关于 3 名学生学习成绩的数据集，代码如下：

```
import numpy as np
```

```
import pandas as pd
score = {'课程':['英语','语文','英语','语文','英语','语文','英语','语文'],'学期
':['第一学期','第一学期','第二学期','第二学期','第一学期','第一学期','第二学期','
第二学期'],
        '李四': [90,92,88,94,92,87,82,91],'王五': [91,87,82,91,89,93,88,
83],'张三': [89,98,86,82,91,83,86,95]}
score = pd.DataFrame(score)
score
```

运行上述代码，创建的数据集如下所示。

```
   课程      学期      李四   王五   张三
0  英语    第一学期    90    91    89
1  语文    第一学期    92    87    98
2  英语    第二学期    88    82    86
3  语文    第二学期    94    91    82
4  英语    第一学期    92    89    91
5  语文    第一学期    87    93    83
6  英语    第二学期    82    88    86
7  语文    第二学期    91    83    95
```

groupby()函数可以实现对多个字段的分组统计。例如，统计每个学期学生每门课
的平均成绩，代码如下：

```
score.groupby([score['学期'],score['课程']]).mean()
```

代码输出结果如下所示。

```
  学期      课程    李四    王五    张三
第一学期  英语   91.0  90.0  90.0
          语文   89.5  90.0  90.5
第二学期  英语   85.0  85.0  86.0
          语文   92.5  87.0  88.5
```

3.6.3　agg()函数：自定义聚合

在 Python 中，计算描述性统计指标通常使用 describe()函数，如个数、平均数、标
准差、最小值和最大值等，代码如下：

```
score.describe()
```

代码输出结果如下所示。

```
        李四        王五        张三
Count 8.000000  8.000000  8.000000
mean 89.500000 88.000000 88.750000
```

```
std  3.779645  3.891382  5.650537
min 82.000000 82.000000 82.000000
25% 87.750000 86.000000 85.250000
50% 90.500000 88.500000 87.500000
75% 92.000000 91.000000 92.000000
max 94.000000 93.000000 98.000000
```

如果想要使用自定义的聚合函数，则只需将其传入 aggregate()函数或 agg()函数。例如，这里定义的是 sum、mean、max、min，代码如下：

```
score.groupby([score['学期'],score['课程']]).agg(['sum','mean','max','min'])
```

代码输出结果如下所示。

		李四				王五				张三			
学期	课程	sum	mean	max	min	sum	mean	max	min	sum	mean	max	min
第一学期	英语	182	91.0	92	90	180	90	91	89	180	90.0	91	89
	语文	179	89.5	92	87	180	90	93	87	181	90.5	98	83
第二学期	英语	170	85.0	88	82	170	85	88	82	172	86.0	86	86
	语文	185	92.5	94	91	174	87	91	83	177	88.5	95	82

3.7　数据的透视

透视表是各类数据分析软件中一种常见的数据汇总工具。它根据一个或多个键对数据进行聚合，并根据行和列上的分组键将数据分配到各个矩形区域中。本节将利用 pivot_table()函数和 crosstab()函数进行数据透视。

3.7.1　pivot_table()函数：数据透视

在 Python 中，可以使用 groupby()函数重塑运算制作透视表。此外，在 Pandas 库中还有一个 pivot_table()函数。

下面介绍一下 Pandas 库中 pivot_table()函数的参数及其说明，如表 3-1 所示。

表 3-1　pivot_table()函数的参数及其说明

参　　数	说　　明
data	数据集
values	待聚合的列的名称，默认聚合所有数值列
index	用于分组的列名或其他分组键，出现在结果透视表中的行
columns	用于分组的列名或其他分组键，出现在结果透视表中的列

参　　数	说　　明
aggfunc	聚合函数或函数列表，默认值为 mean
fill_value	用于替换结果表中的缺失值
margins	是否对行和列的数据进行统计输出，True 为输出，False 为不输出
dropna	默认值为 True
margins_name	默认值为 ALL

接下来，我们介绍下面程序使用的数据集。众所周知，在某些国家的服务行业中，顾客会给服务员一定金额的小费，这里我们使用餐饮行业的小费数据集，它包括消费总金额（totall_bill）、小费金额（tip）、顾客性别（sex）、顾客是否抽烟（smoker）、消费的星期（day）、消费的时间段（time）、用餐人数（size）等 7 个字段，如表 3-2 所示。

表 3-2　顾客小费数据集

total_bill	tip	sex	smoker	day	time	size
16.99	1.01	Female	No	Sun	Dinner	2
10.34	1.66	Male	No	Sun	Dinner	3
21.01	3.50	Male	No	Sun	Dinner	3
23.68	3.31	Male	No	Sun	Dinner	2
24.59	3.61	Female	No	Sun	Dinner	4
…	…	…	…	…	…	…

下面导入数据集，代码如下：

```
import pandas as pd
tips = pd.read_csv('D:/Python 办公自动化实战：让工作化繁为简
/ch03/tips.csv',delimiter=',',encoding='UTF-8')
tips
```

运行上述代码，输出结果如下所示。

```
total_bill  tip  sex    smoker  day  time    size
0   16.99  1.01  Female    No  Sun  Dinner  2
1   10.34  1.66  Male      No  Sun  Dinner  3
2   21.01  3.50  Male      No  Sun  Dinner  3
3   23.68  3.31  Male      No  Sun  Dinner  2
4   24.59  3.61  Female    No  Sun  Dinner  4
...
239 29.03  5.92  Male      No  Sat  Dinner  3
```

```
240   27.18   2.00    Female   Yes Sat Dinner   2
241   22.67   2.00    Male     Yes Sat Dinner   2
242   17.82   1.75    Male     No  Sat Dinner   2
243   18.78   3.00    Female   No  ThurDinner   2
244   rows × 7 columns
```

例如，想要根据 sex 和 smoker 计算分组平均数，并将 sex 和 smoker 放到行上，代码如下：

```
import pandas as pd
pd.pivot_table(tips,index = ['sex', 'smoker'])
```

运行上述代码，输出结果如下所示。

```
sex      smoker    size        tip         total_bill
Female   No        2.592593    2.773519    18.105185
         Yes       2.242424    2.931515    17.977879
Male     No        2.711340    3.113402    19.791237
         Yes       2.500000    3.051167    22.284500
```

例如，想要聚合 tip 和 size，而且需要根据 sex 和 day 进行分组，将 smoker 放到列上，把 sex 和 day 放到行上，代码如下：

```
tips.pivot_table(values=['tip','size'],index=['sex',
'day'],columns='smoker')
```

运行上述代码，输出结果如下所示。

		size		tip	
	smoker	No	Yes	No	Yes
Female	Fri	2.500000	2.000000	3.125000	2.682857
	Sat	2.307692	2.200000	2.724615	2.868667
	Sun	3.071429	2.500000	3.329286	3.500000
	Thur	2.480000	2.428571	2.459600	2.990000
Male	Fri	2.000000	2.125000	2.500000	2.741250
	Sat	2.656250	2.629630	3.256563	2.879259
	Sun	2.883721	2.600000	3.115349	3.521333
	Thur	2.500000	2.300000	2.941500	3.058000

可以对这个表做进一步处理。例如，设置 margins=True，添加加分小计，代码如下：

```
tips.pivot_table(values=['tip','size'], index=['sex', 'day'],columns=
'smoker',margins=True)
```

运行上述代码，输出结果如下所示。

	size	tip

smoker		No	Yes	All	No	Yes	All
Female	Fri	2.500000	2.000000	2.111111	3.125000	2.682857	2.781111
Sat		2.307692	2.200000	2.250000	2.724615	2.868667	2.801786
Sun		3.071429	2.500000	2.944444	3.329286	3.500000	3.367222
Thur		2.480000	2.428571	2.468750	2.459600	2.990000	2.575625
Male	Fri	2.000000	2.125000	2.100000	2.500000	2.741250	2.693000
Sat		2.656250	2.629630	2.644068	3.256563	2.879259	3.083898
Sun		2.883721	2.600000	2.810345	3.115349	3.521333	3.220345
Thur		2.500000	2.300000	2.433333	2.941500	3.058000	2.980333
All			2.668874	2.408602	2.569672	2.991854	3.008710	2.998279

如果想要使用其他的聚合函数，则将其传给参数 aggfunc 即可。例如，使用 len 可以得到有关分组大小的交叉表，代码如下：

```
tips.pivot_table(values=['tip','size'],index=['sex',
'day'],columns='smoker',margins=True,aggfunc=len)
```

运行上述代码，输出结果如下所示。

smoker		size			tip		
		No	Yes	All	No	Yes	All
Female	Fri	2	7	9	2.0	7.0	9.0
	Sat	13	15	28	13.0	15.0	28.0
	Sun	14	4	18	14.0	4.0	18.0
	Thur	25	7	32	25.0	7.0	32.0
Male	Fri	2	8	10	2.0	8.0	10.0
	Sat	32	27	59	32.0	27.0	59.0
	Sun	43	15	58	43.0	15.0	58.0
	Thur	20	10	30	20.0	10.0	30.0
All		151	93	244	151.0	93.0	244.0

3.7.2　crosstab()函数：数据交叉

Pandas 库中的 crosstab()函数是一类用于计算分组频率的特殊透视表，也是一类特殊的 pivot_table()函数。

例如，需要根据性别和是否吸烟对数据进行统计汇总，代码如下：

```
import pandas as pd
pd.crosstab(tips.sex, tips.smoker, margins=True)
```

运行上述代码，输出结果如下所示。

smoker	No	Yes	All
Female	54	33	87
Male	97	60	157

```
All      151 93   244
```

例如，需要根据性别、星期和是否吸烟对数据进行统计汇总，代码如下：

```
import pandas as pd
pd.crosstab([tips.sex, tips.day], tips.smoker, margins=True)
```

运行上述代码，输出结果如下所示。

```
       smoker    No   Yes   All
Female  Fri      2    7     9
        Sat      13   15    28
        Sun      14   4     18
        Thur     25   7     32
Male    Fri      2    8     10
        Sat      32   27    59
        Sun      43   15    58
        Thur     20   10    30
All              151  93    244
```

3.8　数据的合并

数据合并就是将不同数据源或数据表中的数据整合到一起，本节将介绍横向合并 merge()函数和纵向合并 concat()函数，使用的数据文件为"2020 年第二学期学生考试成绩.xls"。

Pandas 库中的数据可以通过一些方式进行合并。

- merge()函数根据一个或多个键将不同数据集中的行连接起来。
- concat()函数可以沿着某条轴线，将多个对象堆叠到一起。

在介绍数据合并之前，创建一个关于 4 名学生学习成绩的数据集，代码如下：

3.8.1　merge()函数：横向合并

```
import numpy as np
import pandas as pd
score1 = {'课程':['数学', '语文', '英语', '物理','化学', '生物'],'类型':['基础
','基础','基础','理科','理科','理科'],
        '李四': [90,91,87,92,95,85],'王五': [91,85,89,92,88,82],'张三':
[89,98,85,82,85,95],'赵六': [96,90,83,85,99,80]}
score1 = pd.DataFrame(score1)
score1
```

运行上述代码，创建的数据集如下所示。

```
   课程  类型  李四  王五  张三  赵六
0  数学  基础  90   91   89   96
1  语文  基础  91   85   98   90
2  英语  基础  87   89   85   83
3  物理  理科  92   92   82   85
4  化学  理科  95   88   85   99
5  生物  理科  85   82   95   80
```

再创建一个关于 4 名学生学习成绩的数据集，代码如下：

```
import numpy as np
import pandas as pd
score2 = {'课程':['数学', '语文', '英语', '地理','政治', '历史'],'类型':['基础
','基础','基础','文科','文科','文科'],
        '孙七': [91,87,92,95,92,95],'周八': [85,89,92,88,92,95],'吴九':
[98,85,82,85,92,95],'郑十': [90,83,85,99,92,95]}
score2 = pd.DataFrame(score2)
score2
```

运行上述代码，创建的数据集如下所示。

```
   课程  类型  孙七  周八  吴九  郑十
0  数学  基础  91   85   98   90
1  语文  基础  87   89   85   83
2  英语  基础  92   92   82   85
3  地理  文科  95   88   85   99
4  政治  文科  92   92   92   92
5  历史  文科  95   95   95   95
```

使用 merge() 函数横向合并两个数据集，代码如下：

```
pd.merge(score1, score2)
```

代码输出结果如下所示。

```
   课程  类型  李四  王五  张三  赵六  孙七  周八  吴九  郑十
0  数学  基础  90   91   89   96   91   85   98   90
1  语文  基础  91   85   98   90   87   89   85   83
2  英语  基础  87   89   85   83   92   92   82   85
```

如果没有指明使用哪个列连接，则横向合并会重叠列的列名。可以通过参数 on 指定合并所依据的关键字段。例如，指定课程，代码如下：

```
pd.merge(score1, score2, on='课程')
```

代码输出结果如下所示。

	课程	类型_x	李四	王五	张三	赵六	类型_y	孙七	周八	吴九	郑十
0	数学	基础	90	91	89	96	基础	91	85	98	90
1	语文	基础	91	85	98	90	基础	87	89	85	83
2	英语	基础	87	89	85	83	基础	92	92	82	85

由于演示的需要，下面再创建一个关于 4 名学生学习成绩的数据集，代码如下：

```
import numpy as np
import pandas as pd
score3 = {'课程1':['数学', '语文', '英语', '物理','化学', '生物'],'类型':['基础','基础','基础','理科','理科','理科'],
         '李四': [90,91,87,92,95,85],'王五': [91,85,89,92,88,82],'张三':[89,98,85,82,85,95],'赵六': [96,90,83,85,99,80]}
score4 = {'课程2':['数学', '语文', '英语', '地理','政治', '历史'],'类型':['基础','基础','基础','文科','文科','文科'],
         '孙七': [91,87,92,95,92,95],'周八': [85,89,92,88,92,95],'吴九':[98,85,82,85,92,95],'郑十': [90,83,85,99,92,95]}
score3 = pd.DataFrame(score3)
score4 = pd.DataFrame(score4)
```

如果两个数据集中的关键字段名称不同，则需要使用 left_on 和 right_on，代码如下：

```
pd.merge(score3, score4, left_on='课程1', right_on='课程2')
```

代码输出结果如下所示。

	课程1	类型_x	李四	王五	张三	赵六	课程2	类型_y	孙七	周八	吴九	郑十
0	数学	基础	90	91	89	96	数学	基础	91	85	98	90
1	语文	基础	91	85	98	90	语文	基础	87	89	85	83
2	英语	基础	87	89	85	83	英语	基础	92	92	82	85

在默认情况下，横向合并 merge() 函数使用的是"内连接（inner）"，即输出的是两个数据集的交集。其他方式还有"left"、"right"及"outer"，这个与数据库中的表连接基本类似。内连接代码如下：

```
pd.merge(score1, score2, on='课程', how='inner')
```

代码输出结果如下所示。

	课程	类型_x	李四	王五	张三	赵六	类型_y	孙七	周八	吴九	郑十
0	数学	基础	90	91	89	96	基础	91	85	98	90
1	语文	基础	91	85	98	90	基础	87	89	85	83
2	英语	基础	87	89	85	83	基础	92	92	82	85

左连接是左边的数据集不加限制，右边的数据集仅会显示与左边相关的数据，代码如下：

```
pd.merge(score1, score2, on='课程', how='left')
```

代码输出结果如下所示。

	课程	类型_x	李四	王五	张三	赵六	类型_y	孙七	周八	吴九	郑十
0	数学	基础	90	91	89	96	基础	91.0	85.0	98.0	90.0
1	语文	基础	91	85	98	90	基础	87.0	89.0	85.0	83.0
2	英语	基础	87	89	85	83	基础	92.0	92.0	82.0	85.0
3	物理	理科	92	92	82	85	NaN	NaN	NaN	NaN	NaN
4	化学	理科	95	88	85	99	NaN	NaN	NaN	NaN	NaN
5	生物	理科	85	82	95	80	NaN	NaN	NaN	NaN	NaN

右连接是右边的数据集不加限制，左边的数据集仅会显示与右边相关的数据，代码如下：

```
pd.merge(score1, score2, on='课程', how='right')
```

代码输出结果如下所示。

	课程	类型_x	李四	王五	张三	赵六	类型_y	孙七	周八	吴九	郑十
0	数学	基础	90.0	91.0	89.0	96.0	基础	91	85	98	90
1	语文	基础	91.0	85.0	98.0	90.0	基础	87	89	85	83
2	英语	基础	87.0	89.0	85.0	83.0	基础	92	92	82	85
3	地理	NaN	NaN	NaN	NaN	NaN	文科	95	88	85	99
4	政治	NaN	NaN	NaN	NaN	NaN	文科	92	92	92	92
5	历史	NaN	NaN	NaN	NaN	NaN	文科	95	95	95	95

外连接输出的是两个数据集的并集，组合了左连接和右连接的效果，代码如下：

```
pd.merge(score1, score2, on='课程', how='outer')
```

代码输出结果如下所示。

	课程	类型_x	李四	王五	张三	赵六	类型_y	孙七	周八	吴九	郑十
0	数学	基础	90.0	91.0	89.0	96.0	基础	91.0	85.0	98.0	90.0
1	语文	基础	91.0	85.0	98.0	90.0	基础	87.0	89.0	85.0	83.0
2	英语	基础	87.0	89.0	85.0	83.0	基础	92.0	92.0	82.0	85.0
3	物理	理科	92.0	92.0	82.0	85.0	NaN	NaN	NaN	NaN	NaN
4	化学	理科	95.0	88.0	85.0	99.0	NaN	NaN	NaN	NaN	NaN
5	生物	理科	85.0	82.0	95.0	80.0	NaN	NaN	NaN	NaN	NaN
6	地理	NaN	NaN	NaN	NaN	NaN	文科	95.0	88.0	85.0	99.0
7	政治	NaN	NaN	NaN	NaN	NaN	文科	92.0	92.0	92.0	92.0
8	历史	NaN	NaN	NaN	NaN	NaN	文科	95.0	95.0	95.0	95.0

3.8.2 concat()函数：纵向合并

在介绍纵向合并之前，创建两个关于 4 名学生学习成绩的数据集，代码如下：

```
import numpy as np
import pandas as pd
score5 = {'课程':['数学', '语文', '英语'],'类型':['基础','基础','基础'],
        '李四': [90,91,87],'王五': [91,85,89],'张三': [89,98,85],'赵六':
[96,90,83]}
score6 = {'课程':['物理','化学', '生物'],'类型':['理科','理科','理科'],
        '李四': [92,95,85],'王五': [92,88,82],'张三': [82,85,95],'赵六':
[85,99,80]}
score5 = pd.DataFrame(score5)
score6 = pd.DataFrame(score6)
```

　　使用 concat() 函数可以实现数据集的纵向合并，代码如下：

```
pd.concat([score5, score6])
```

　　代码输出结果如下所示。

```
   课程   类型   李四   王五   张三   赵六
0  数学   基础   90   91   89   96
1  语文   基础   91   85   98   90
2  英语   基础   87   89   85   83
0  物理   理科   92   92   82   85
1  化学   理科   95   88   85   99
2  生物   理科   85   82   95   80
```

3.9　工作表合并与拆分

　　在实际工作中，我们需要的数据一般分布在多个不同的工作表中，那么如何快速合并这些工作表是一个比较棘手的问题。利用 Python 程序不仅可以快速合并大量的工作表，还可以降低手工合并带来的误差。

3.9.1　单个工作簿多个工作表合并

　　单个工作簿多个工作表，即数据集仅由一个工作簿构成，但是其中有多个工作表。例如，我们这里需要合并的数据集是 2020 年 10 月技术部员工的考核数据，它只有一个工作簿，但是有两个工作表，分别有 4 条记录和 5 条记录，如图 3-1 所示。

	A	B	C	D	E	F	G	H
1	员工工号	性别	年龄	学历	籍贯	入职时间	考核评分	
2	N3000112	女	26	本科	山东	######	87	
3	N2000110	男	22	大专	河北	######	89	
4	N2000110	男	21	大专	河北	######	91	
5	N3000103	女	20	本科	山东	######	93	
6								

Sheet1 Sheet2

	A	B	C	D	E	F	G	H
1	员工工号	性别	年龄	学历	籍贯	入职时间	考核评分	
2	N3000119	男	19	本科	江苏	######	80	
3	N3000113	女	26	大专	江苏	######	85	
4	N3000112	男	26	硕士	河北	######	93	
5	N3000113	男	21	本科	江苏	######	95	
6	N3000103	女	20	本科	山东	######	88	

Sheet1 Sheet2

图 3-1　合并前数据集

下面将单个工作簿中的两个工作表数据合并到“技术部 10 月员工考核汇总.xlsx”工作表中，代码如下：

```
import xlrd
import pandas as pd
from pandas import DataFrame
from openpyxl import load_workbook

excel_name = r"D:\Python 办公自动化实战：让工作化繁为简\ch03\技术部 10 月员工考核.xls"
wb = xlrd.open_workbook(excel_name)
sheets = wb.sheet_names()

alldata = DataFrame()
for i in range(len(sheets)):
    df = pd.read_excel(excel_name, sheet_name=i)
    alldata = alldata.append(df)

writer = pd.ExcelWriter(r"D:\Python 办公自动化实战：让工作化繁为简\ch03\技术部 10 月员工考核汇总.xlsx",engine='openpyxl')

alldata.to_excel(excel_writer=writer,sheet_name="汇总")
writer.save()
writer.close()
```

运行上述代码，输出结果如图 3-2 所示。

	A	B	C	D	E	F	G	H
1		员工工号	性别	年龄	学历	籍贯	入职时间	考核评分
2	0	N30001128	女	26	本科	山东	########	87
3	1	N20001109	男	22	大专	河北	########	89
4	2	N20001106	男	21	大专	河北	########	91
5	3	N30001030	女	20	本科	山东	########	93
6	0	N30001196	男	19	本科	江苏	########	80
7	1	N30001136	女	26	大专	江苏	########	85
8	2	N30001127	男	26	硕士	河北	########	93
9	3	N30001131	男	21	本科	江苏	########	95
10	4	N30001038	女	20	本科	山东	########	88

汇总

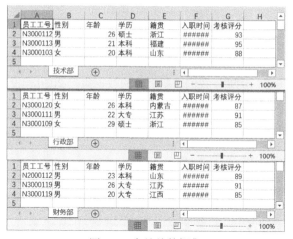

图 3-2 合并后数据集

3.9.2 多个工作簿单个工作表合并

多个工作簿单个工作表，即数据集由两个及两个以上的工作簿构成，每个工作簿只有一个工作表。例如，我们这里需要合并的数据集是 2020 年 9 月的员工考核数据，它包含 3 个工作簿，每个工作簿有一个工作表，每个工作表有 3 条记录，如图 3-3 所示。

	A	B	C	D	E	F	G
1	员工工号	性别	年龄	学历	籍贯	入职时间	考核评分
2	N3000112	男	26	硕士	浙江	######	93
3	N3000113	男	21	本科	福建	######	95
4	N3000103	女	20	本科	山东	######	88

技术部

1	员工工号	性别	年龄	学历	籍贯	入职时间	考核评分
2	N3000120	女	26	本科	内蒙古	######	87
3	N3000111	男	22	大专	江苏	######	91
4	N3000109	女	29	硕士	浙江	######	85

行政部

1	员工工号	性别	年龄	学历	籍贯	入职时间	考核评分
2	N2000112	男	23	本科	山东	######	89
3	N3000119	男	26	大专	江苏	######	91
4	N3000119	男	20	大专	江西	######	85

财务部

图 3-3 合并前数据集

下面将 3 个工作簿中的数据合并到“9 月员工考核汇总.xlsx”工作表中，代码如下：

```
import pandas as pd
import os
pwd = r"D:\Python 办公自动化实战: 让工作化繁为简\ch03\9 月员工考核"
df_list = []
for path,dirs,files in os.walk(pwd):
    for file in files:
        file_path = os.path.join(path,file)
```

```
        df = pd.read_excel(file_path)
        df_list.append(df)
result = pd.concat(df_list)
result.to_excel(r"D:\Python 办公自动化实战：让工作化繁为简\ch03\9 月员工考核汇总.xlsx",index=False)
```

运行上述代码，输出结果如图 3-4 所示。

员工工号	性别	年龄	学历	籍贯	入职时间	考核评分
N30001127	男	26	硕士	浙江	########	93
N30001131	男	21	本科	福建	########	95
N30001038	女	20	本科	山东	########	88
N30001202	女	26	本科	内蒙古	########	87
N30001111	男	22	大专	江苏	########	91
N30001099	女	29	硕士	浙江	########	85
N20001129	男	23	本科	山东	########	89
N30001197	男	26	大专	江苏	########	91
N30001193	男	20	大专	江西	########	85

Sheet1

图 3-4　合并后数据集

3.9.3　工作表按某一列拆分数据

在工作中，有时需要根据某个分类变量，对工作表中的数据按某一列进行拆分，如性别、年龄、籍贯等。例如，我们需要拆分的数据集是 2020 年 9 月技术部员工的考核数据，有 9 条记录，如图 3-5 所示。

员工工号	性别	年龄	学历	籍贯	入职时间	考核评分
N30001128	女	25	本科	山东	########	90
N20001109	男	23	大专	河北	########	91
N20001106	男	22	大专	河北	########	92
N30001030	女	21	本科	山东	########	90
N30001196	男	20	本科	江苏	########	81
N30001136	女	25	大专	江苏	########	86
N30001127	男	27	硕士	河北	########	90
N30001131	男	22	本科	江苏	########	91
N30001038	女	21	本科	山东	########	98

汇总

图 3-5　拆分前数据集

下面对“9 月技术部员工考核.xls”中的数据，根据员工的籍贯进行拆分，代码如下：

```
import pandas as pd
import xlsxwriter
data=pd.read_excel(r"D:\Python 办公自动化实战：让工作化繁为简\ch03\9 月技术部员工考核.xls")

area_list=list(set(data['籍贯']))

writer=pd.ExcelWriter(r"D:\Python 办公自动化实战：让工作化繁为简\ch03\9 月技术部
```

员工考核按地区拆分.xlsx",engine='xlsxwriter')
data.to_excel(writer,sheet_name="总表",index=False)

```
for j in area_list:
    df=data[data['籍贯']==j]
    df.to_excel(writer,sheet_name=j,index=False)
```

writer.save()

运行上述代码，输出结果如图 3-6 所示。

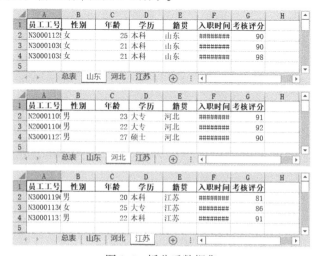

图 3-6　拆分后数据集

3.10　上机实践题

练习 1：读取本地客户表 "customers.csv"，注意文件的编码。

练习 2：使用小费数据集，通过 groupby()函数统计不同性别和是否吸烟顾客的支付小费情况。

练习 3：合并 "10 月员工考核" 文件夹中的数据，每个工作簿都有两个工作表。

第 4 章

利用 Python 进行数据处理

通常，在真实数据中可能包含大量的重复值、缺失值、异常值，这非常不利于后续分析，因此需要对各种"脏数据"进行对应方式的处理，得到"干净"的数据。本章将介绍如何利用 Python 进行数据处理，包括重复值的处理、缺失值的处理、异常值的处理等。

4.1 重复值的处理

4.1.1 Excel 重复值的处理

Excel 是处理数据时使用比较频繁的软件之一，有时我们需要删除重复数据，只保留一条数据，这时最简单的方法就是使用 Excel 自带的"删除重复值"功能。

具体操作如下：首先选择全部数据，然后单击"数据"选项卡中的"删除重复值"按钮，弹出"删除重复值"对话框，如图 4-1 所示。单击"确定"按钮，Excel 会删除所有重复数据，并弹出提示信息对话框，再单击"确定"按钮即可。

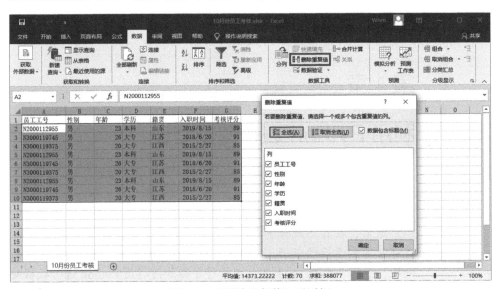

图 4-1 "删除重复值"对话框

4.1.2 Python 重复值的检测

在介绍使用 Pandas 库处理重复数据之前，先创建一个关于 4 名学生学习成绩的数据集，代码如下：

```python
import numpy as np
import pandas as pd
score = {'李四': [90,87,90,90,92,90],'王五': [91,89,91,91,88,82],'张三':
[89,85,89,82,85,95],'赵六': [96,83,96,85,99,80]}
score = pd.DataFrame(score, index=['数学', '语文', '数学', '英语', '物理','
化学'])
score
```

运行上述代码，创建的数据集如下所示。

```
      李四   王五   张三   赵六
数学   90    91    89    96
语文   87    89    85    83
数学   90    91    89    96
英语   90    91    82    85
物理   92    88    85    99
化学   90    82    95    80
```

索引的 is_unique 属性可以判断它的值是否是唯一的，代码如下：

```
score.index.is_unique
```

代码输出结果如下所示。

```
False
```

判断重复数据记录，duplicated()函数的返回值是一个布尔型，表示各行是否是重复行，代码如下：

```
score.duplicated()
```

代码输出结果如下所示。

```
数学    False
语文    False
数学    True
英语    False
物理    False
化学    False
dtype: bool
```

4.1.3　Python 重复值的处理

下面删除数据集中数值相同的记录，代码如下：

```
score.drop_duplicates()
```

代码输出结果如下所示。

```
      李四   王五   张三   赵六
数学   90    91    89    96
语文   87    89    85    83
英语   90    91    82    85
物理   92    88    85    99
化学   90    82    95    80
```

在默认情况下，会判断全部列，也可以指定某一列或几列。例如，我们需要删除数据记录中某列数值相同的记录，代码如下：

```
score.drop_duplicates(['李四'])
```

代码输出结果如下所示。

	李四	王五	张三	赵六
数学	90	91	89	96
语文	87	89	85	83
物理	92	88	85	99

还可以删除数据记录中某几列数值相同的记录，代码如下：

```
score.drop_duplicates(['李四','王五'])
```

代码输出结果如下所示。

	李四	王五	张三	赵六
数学	90	91	89	96
语文	87	89	85	83
物理	92	88	85	99
化学	90	82	95	80

duplicated()函数和 drop_duplicates()函数默认保留的是第一次出现的值，但是也可以通过设置参数 keep='last'，保留最后一次出现的值，代码如下：

```
score.duplicated(keep='last')
```

代码输出结果如下所示。

```
数学     True
语文     False
数学     False
英语     False
物理     False
化学     False
dtype: bool
```

例如，删除 score 数据集中李四考试成绩中的重复值，并保留最后一次出现的值，由于数学和化学的成绩都是 90 分，所以只保留化学成绩，代码如下：

```
score.drop_duplicates(['李四'], keep='last')
```

代码输出结果如下所示。

	李四	王五	张三	赵六
语文	87	89	85	83
物理	92	88	85	99
化学	90	82	95	80

4.2　缺失值的处理

众所周知，在收入、交通事故等问题的研究中，因为被调查者拒绝回答或者由于调查研究中的损耗，会存在一些未回答的问题。例如，在一次人口调查中，15%的人没有回答收入情况，高收入者的回答率比中等收入者的回答率要低；或者在严重交通事故报告中，是否使用安全带和酒精浓度等关键问题在很多档案中都没有记录，这些缺失的记录便是缺失值。

4.2.1　Excel 缺失值的处理

在 Excel 中处理缺失数据的方法主要有：删除缺失值、数据补齐（如特殊值填充、平均数填充等），由于操作比较简单，这里就不再进行详细介绍。

4.2.2　Python 缺失值的检测

对于数值数据，Pandas 库使用浮点值 NaN（Not a Number）表示缺失数据。

在介绍使用 Pandas 库处理缺失值之前，先创建一个 4 名学生学习成绩的数据集，代码如下：

```
import numpy as np
import pandas as pd
score = {'李四': [90,87,None,None,90,90],'王五': [91,89,None,91,88,82],'张
三': [89,None,None,82,85,95],'赵六': [96,83,None,85,99,80]}
score = pd.DataFrame(score, index=['数学', '语文', '英语', '物理','化学','生
物'])
score
```

运行上述代码，创建的数据集如下所示。

	李四	王五	张三	赵六
数学	90.0	91.0	89.0	96.0
语文	87.0	89.0	NaN	83.0
英语	NaN	NaN	NaN	NaN
物理	NaN	91.0	82.0	85.0
化学	90.0	88.0	85.0	99.0
生物	90.0	82.0	95.0	80.0

使用 isnull() 函数判断是否是缺失值，代码如下：

```
score.isnull()
```

代码输出结果如下所示。

	李四	王五	张三	赵六
数学	False	False	False	False
语义	False	False	True	False
英语	True	True	True	True
物理	True	False	False	False
化学	False	False	False	False
生物	False	False	False	False

4.2.3　Python 缺失值的处理

在 Python 中，通常使用 dropna()函数处理缺失值，该函数的功能是丢弃任何含有缺失值的行，代码如下：

```
score.dropna()
```

代码输出结果如下所示。

	李四	王五	张三	赵六
数学	90.0	91.0	89.0	96.0
化学	90.0	88.0	85.0	99.0
生物	90.0	82.0	95.0	80.0

设置参数 how='all'，表示只丢弃全为 NaN 的行，代码如下：

```
score.dropna(how='all')
```

代码输出结果如下所示。

	李四	王五	张三	赵六
数学	90.0	91.0	89.0	96.0
语文	87.0	89.0	NaN	83.0
物理	NaN	91.0	82.0	85.0
化学	90.0	88.0	85.0	99.0
生物	90.0	82.0	95.0	80.0

如果想要保留一部分缺失值数据，则可以使用 thresh 参数设置每一行非空数值的最小个数，代码如下：

```
score.dropna(thresh = 3)
```

代码输出结果如下所示。

	李四	王五	张三	赵六
数学	90.0	91.0	89.0	96.0
语文	87.0	89.0	NaN	83.0
物理	NaN	91.0	82.0	85.0
化学	90.0	88.0	85.0	99.0
生物	90.0	82.0	95.0	80.0

为了演示如何处理列的缺失值，我们先增加一列空值数据和一列非空值数据，代码如下：

```
score['周七'] = np.nan
score['吴八'] = [92,96,86,88,82,90]
score
```

代码输出结果如下所示。

	李四	王五	张三	赵六	周七	吴八
数学	90.0	91.0	89.0	96.0	NaN	92
语文	87.0	89.0	NaN	83.0	NaN	96
英语	NaN	NaN	NaN	NaN	NaN	86
物理	NaN	91.0	82.0	85.0	NaN	88
化学	90.0	88.0	85.0	99.0	NaN	82
生物	90.0	82.0	95.0	80.0	NaN	90

如果对列数据进行缺失值的操作，则可以设置参数 axis=1，表示只要列中的数值存在空值就将其删除，代码如下：

```
score.dropna(axis=1)
```

代码输出结果如下所示。

	吴八
数学	92
语文	96
英语	86
物理	88
化学	82
生物	90

设置参数 how='all'，表示删除数值全为空值的列，代码如下：

```
score.dropna(axis=1, how='all')
```

代码输出结果如下所示。

	李四	王五	张三	赵六	吴八
数学	90.0	91.0	89.0	96.0	92
语文	87.0	89.0	NaN	83.0	96
英语	NaN	NaN	NaN	NaN	86
物理	NaN	91.0	82.0	85.0	88
化学	90.0	88.0	85.0	99.0	82
生物	90.0	82.0	95.0	80.0	90

如果不想删除缺失数据，而是希望通过其他方式填补，则可以使用 fillna()函数。通过使用 fillna()函数就会将缺失值替换为相应的常数值，代码如下：

```
score.fillna(85)
```

代码输出结果如下所示。

	李四	王五	张三	赵六	周七	吴八
数学	90.0	91.0	89.0	96.0	85.0	92
语文	87.0	89.0	85.0	83.0	85.0	96
英语	85.0	85.0	85.0	85.0	85.0	86
物理	85.0	91.0	82.0	85.0	85.0	88
化学	90.0	88.0	85.0	99.0	85.0	82
生物	90.0	82.0	95.0	80.0	85.0	90

可以使用 fillna()函数调用一个字典，实现对不同的列填充不同的值，代码如下：

```
score.fillna({'李四':80,'王五':81,'张三':82,'赵六':83})
```

代码输出结果如下所示。

	李四	王五	张三	赵六	周七	吴八
数学	90.0	91.0	89.0	96.0	NaN	92
语文	87.0	89.0	82.0	83.0	NaN	96
英语	80.0	81.0	82.0	83.0	NaN	86
物理	80.0	91.0	82.0	85.0	NaN	88
化学	90.0	88.0	85.0	99.0	NaN	82
生物	90.0	82.0	95.0	80.0	NaN	90

设置参数 method='ffill'，表示向下填充数据，代码如下：

```
score.fillna(method='ffill')
```

代码输出结果如下所示。

	李四	王五	张三	赵六	周七	吴八
数学	90.0	91.0	89.0	96.0	NaN	92
语文	87.0	89.0	89.0	83.0	NaN	96
英语	87.0	89.0	89.0	83.0	NaN	86
物理	87.0	91.0	82.0	85.0	NaN	88
化学	90.0	88.0	85.0	99.0	NaN	82
生物	90.0	82.0	95.0	80.0	NaN	90

设置参数 method='bfill'，表示向上填充数据，代码如下：

```
score.fillna(method='bfill')
```

代码输出结果如下所示。

	李四	王五	张三	赵六	周七	吴八
数学	90.0	91.0	89.0	96.0	NaN	92
语文	87.0	89.0	82.0	83.0	NaN	96
英语	90.0	91.0	82.0	85.0	NaN	86

物理	90.0	91.0	82.0	85.0	NaN	88
化学	90.0	88.0	85.0	99.0	NaN	82
生物	90.0	82.0	95.0	80.0	NaN	90

还可以使用非空数值的平均数、最大值、最小值等填充缺失值。例如，使用缺失值所在列的平均数填充该列的缺失值，代码如下：

```
score.fillna(np.mean(score))
```

代码输出结果如下所示。

	李四	王五	张三	赵六	周七	吴八
数学	90.00	91.0	89.00	96.0	NaN	92
语文	87.00	89.0	87.75	83.0	NaN	96
英语	89.25	88.2	87.75	88.6	NaN	86
物理	89.25	91.0	82.00	85.0	NaN	88
化学	90.00	88.0	85.00	99.0	NaN	82
生物	90.00	82.0	95.00	80.0	NaN	90

4.3　异常值的处理

异常值也被称为离群点，就是那些远离绝大多数样本点的特殊群体，通常这样的数据点在数据集中都表现出不合理的特性。如果忽视这些异常值，在某些建模场景下就会导致结论出现错误。

4.3.1　Excel 异常值的处理

在 Excel 中处理异常值的方法主要有：删除含有异常值的记录、将异常值视为缺失值、用平均数来修正等，如何判定和处理异常值，需要结合业务实际进行操作。

4.3.2　Python 异常值的检测

在介绍使用 Pandas 库处理异常值之前，先创建一个 4 名学生学习成绩的数据集，代码如下：

```
import numpy as np
import pandas as pd
score = {'李四': [90,67,90,86,59,92],'王五': [91,93,86,91,108,82],'张三':
[89,90,86,82,85,95],'赵六': [96,83,56,105,0,108]}
score = pd.DataFrame(score, index=['数学', '语文', '英语', '物理','化学','生
物'])
```

```
score
```

运行上述代码，创建的数据集如下所示。

```
        李四    王五    张三    赵六
数学    90     91     89     96
语文    67     93     90     83
英语    90     86     86     56
物理    86     91     82     105
化学    59     108    85     0
生物    92     82     95     108
```

由于学生的考试成绩是百分制，因此超过 100 分的就可以认为是异常值。例如，查找赵六考试成绩中的异常数据，代码如下：

```
score[score['赵六']>100]
```

代码输出结果如下所示。

```
        李四    王五    张三    赵六
物理    86     91     82     105
生物    92     82     95     108
```

还可以查找所有人中不符合条件的成绩有 1 个及 1 个以上的记录，代码如下：

```
score[(score > 100).any(1)]
```

代码输出结果如下所示。

```
        李四    王五    张三    赵六
物理    86     91     82     105
化学    59     108    85     0
生物    92     82     95     108
```

4.3.3　使用 replace()函数处理异常值

可以使用 replace()函数替换异常值。例如，使用 NaN 替换 0，代码如下：

```
score.replace(0, np.nan)
```

代码输出结果如下所示。

```
        李四    王五    张三    赵六
数学    90     91     89     96.0
语文    67     93     90     83.0
英语    90     86     86     56.0
物理    86     91     82     105.0
化学    59     108    85     NaN
生物    92     82     95     108.0
```

如果希望一次替换多个值，则可以设置一个由需要替换的数值组成的列表及一个替换值。例如，使用 NaN 替换 0、105 和 108，代码如下：

```
score.replace([0,105,108], np.nan)
```

代码输出结果如下所示。

	李四	王五	张三	赵六
数学	90	91.0	89	96.0
语文	67	93.0	90	83.0
英语	90	86.0	86	56.0
物理	86	91.0	82	NaN
化学	59	NaN	85	NaN
生物	92	82.0	95	NaN

还可以传入一个替换列表让每个数据有不同的替换值。例如，使用 NaN 替换 0，使用 100 替换 105 和 108，代码如下：

```
score.replace([0,105,108], [np.nan,100,100])
```

代码输出结果如下所示。

	李四	王五	张三	赵六
数学	90.0	91.0	89.0	96.0
语文	67.0	93.0	90.0	83.0
英语	90.0	86.0	86.0	56.0
物理	86.0	91.0	82.0	100.0
化学	59.0	100.0	85.0	NaN
生物	92.0	82.0	95.0	100.0

传入的参数也可以是字典，0 可能是学生请假缺考导致的，代码如下：

```
score.replace({0:'请假',105:100,108:100})
```

代码输出结果如下所示。

	李四	王五	张三	赵六
数学	90	91	89	96
语文	67	93	90	83
英语	90	86	86	56
物理	86	91	82	100
化学	59	100	85	请假
生物	92	82	95	100

4.4 Python 处理金融数据案例实战

金融数据是指金融行业所涉及的市场数据、公司数据、行业指数和定价数据等的统称。凡是与金融行业相关的数据都可以被归入金融市场的数据体系之中。在金融市场中，根据数据的频率，金融数据分为低频数据、高频数据和超高频数据三大类。

4.4.1 读取上证指数股票数据

Pandas 库提供了专门从财经网站获取金融时间序列数据的 API 接口，可作为量化交易股票数据获取的另一种途径。该接口在 urllib3 库的基础上实现了以客户端身份访问网站的股票数据。

pandas-datareader 包中的 pandas_datareader.data.DataReader()函数可以根据输入的证券代码、起始日期和终止日期来返回所有历史数据。函数的第 1 个参数为股票代码，形式为"股票代码"+"对应股市"，其中上海证券交易所的股票需要在股票代码后面加上".SS"，深圳证券交易所的股票需要在股票代码后面加上".SZ"。第 2 个参数是数据来源，如雅虎、谷歌等网站，本节以从雅虎财经获取金融数据为例进行介绍。第 3个、第 4 个参数为股票数据的起始时间。

这里需要使用 datetime()函数、Pandas 库和 pandas-datareader 包，还可以使用datetime.datetime.today()函数来调用程序当前的日期。

先导入相关的库，代码如下：

```
import datetime
import pandas as pd
import pandas_datareader.data as pdr
```

在上述代码中，pandas_datareader.data 这个名称显然过长，因此给它起一个别名叫作 pdr，这样在后文中使用 pandas_datareader.data.DataReader()函数时，直接使用pdr.DataReader()函数即可。需要注意的是，这里在 pandas_datareader 中使用的是下画线"_"，而不是连接符"-"。

接下来，设置起始日期 start_date 和终止日期 end_date，使用 datetime.datetime()函数指向给定日期。例如，使用 datetime.date.today()函数指向程序当前的日期，并将结果保存到一个名为 stock_info 的变量中，代码如下：

```
start_date = datetime.datetime(2020,1,1)
end_date = datetime.date.today()
stock_info = pdr.DataReader("000001.SS", "yahoo", start_date, end_date)
```

也可以直接设置起始日期 start_date 和终止日期 end_date，再运行 pdr.DataReader()
函数并将其保存到变量中，代码如下：

```
import pandas_datareader.data as pdr
start_date = "2020-01-01"
end_date = "2020-10-01"
stock_info = pdr.DataReader("000001.SS", "yahoo", start_date, end_date)
```

下面使用 head() 函数查看金融数据的前 5 行记录，代码如下：

```
stock_info.head()
```

运行上述代码，输出结果如下所示。

```
Date        High         Low          Open         Close        Volume   Adj Close
2020-01-02  3098.100098  3066.335938  3066.335938  3085.197998  292500   3085.197998
2020-01-03  3093.819092  3074.518066  3089.021973  3083.785889  261500   3083.785889
2020-01-06  3107.202881  3065.309082  3070.908936  3083.407959  312600   3083.407959
2020-01-07  3105.450928  3084.329102  3085.488037  3104.802002  276600   3104.802002
2020-01-08  3094.239014  3059.131104  3094.239014  3066.893066  297900   3066.893066
```

可以看出，数据集的索引是 Date（日期），共有 High、Low、Open、Close 等 7
列数据。

4.4.2　提取 2020 年 8 月数据

此外，虽然变量 stock_info 中包含 2020 年全年的数据，但是在不同的业务需求下，
需要提取不同的数据。例如，可能只需要提取 2020 年 8 月的数据，也可能只需要提取
2020 年每个月月底的数据。

例如，提取 2020 年 8 月的数据，代码如下：

```
stock_info['2020-08'].head()
```

运行上述代码，只会输出 2020 年 8 月上证指数的前 5 条数据，输出结果如下
所示。

```
Date        High         Low          Open         Close        Volume   Adj Close
2020-08-03  3368.103027  3327.677002  3332.183105  3367.966064  407500   3367.966064
2020-08-04  3391.070068  3352.500000  3376.439941  3371.689941  442300   3371.689941
2020-08-05  3383.639893  3333.879883  3363.330078  3377.560059  385800   3377.560059
2020-08-06  3392.699951  3334.330078  3380.760010  3386.459961  415300   3386.459961
2020-08-07  3374.133057  3307.712891  3370.587891  3354.034912  403900   3354.034912
```

如果只需要输出每个月最后一个交易日的上证指数数据，则可以使用 resample() 函
数和 last() 函数，代码如下：

```
stock_info.resample('M').last()
```

运行上述代码，输出结果如下所示。

```
Date          High         Low         Open         Close       Volume    Adj Close
2020-01-31 3045.041016 2955.345947 3037.951904 2976.528076  272800   2976.528076
2020-02-29 2948.125977 2878.543945 2924.641113 2880.303955  401200   2880.303955
2020-03-31 2771.167969 2743.114990 2767.306885 2750.295898  218600   2750.295898
2020-04-30 2865.590088 2832.384033 2832.384033 2860.082031  242500   2860.082031
2020-05-31 2855.375977 2829.626953 2835.583984 2852.351074  206800   2852.351074
2020-06-30 2990.824951 2965.104980 2965.104980 2984.674072  215000   2984.674072
2020-07-31 3333.785889 3261.614014 3280.795898 3310.007080  353800   3310.007080
2020-08-31 3442.736084 3395.468018 3416.550049 3395.677979  323500   3395.677979
2020-09-30 3244.913086 3202.343994 3232.709961 3218.052002  153500   3218.052002
```

如果想要计算每个月股票相关指标的平均数，则可以使用 mean()函数，代码如下：

```
stock_info.resample('M').mean()
```

运行上述代码，输出结果如下所示。

```
Date          High         Low         Open         Close        Volume       Adj Close
2020-01-31 3096.047760 3062.227524 3082.987350 3078.654831 242093.750000 3078.654831
2020-02-29 2940.518542 2894.897107 2908.141748 2927.512793 303395.000000 2927.512793
2020-03-31 2880.552435 2821.531960 2852.835261 2852.063033 317704.545455 2852.063033
2020-04-30 2826.394008 2795.198126 2809.117432 2814.112677 224304.761905 2814.112677
2020-05-31 2879.231513 2852.580824 2867.967502 2867.084717 205755.555556 2867.084717
2020-06-30 2950.306946 2924.076794 2934.224524 2940.737866 234990.000000 2940.737866
2020-07-31 3321.412343 3244.052575 3278.270296 3288.827308 445434.782609 3288.827308
2020-08-31 3394.932524 3343.908877 3371.160784 3374.214053 350433.333333 3374.214053
2020-09-30 3311.438821 3269.523537 3295.020153 3288.863303 223000.000000 3288.863303
```

4.4.3 填充非交易日缺失数据

下面来看一下时间序列数据中有缺失数据的操作。如果想要查看股票每日的价格信息，则可以使用 resample()函数重采样每一天的数据，代码如下：

```
stock_info.resample('D').last().head()
```

运行上述代码，输出结果如下所示。我们可以看出，2020 年 1 月 4 日和 1 月 5 日的数据都为 NaN。

```
Date          High         Low         Open         Close       Volume    Adj Close
2020-01-02 3098.100098 3066.335938 3066.335938 3085.197998  292500.0  3085.197998
2020-01-03 3093.819092 3074.518066 3089.021973 3083.785889  261500.0  3083.785889
2020-01-04     NaN         NaN         NaN         NaN         NaN         NaN
```

```
2020-01-05        NaN         NaN         NaN         NaN         NaN         NaN
2020-01-06 3107.202881 3065.309082 3070.908936 3083.407959 312600.0 3083.407959
```

下面使用 ffill()函数对缺失数据进行填充，这里使用前一天的交易数据来填充，代码如下：

```
stock_info.resample('D').ffill().head()
```

运行上述代码，输出结果如下所示。

```
Date           High         Low         Open        Close      Volume    Adj Close
2020-01-02 3098.100098 3066.335938 3066.335938 3085.197998 292500 3085.197998
2020-01-03 3093.819092 3074.518066 3089.021973 3083.785889 261500 3083.785889
2020-01-04 3093.819092 3074.518066 3089.021973 3083.785889 261500 3083.785889
2020-01-05 3093.819092 3074.518066 3089.021973 3083.785889 261500 3083.785889
2020-01-06 3107.202881 3065.309082 3070.908936 3083.407959 312600 3083.407959
```

也可以使用 mean()函数对该列数据的平均数进行填充，代码如下：

```
import numpy as np
df = stock_info.resample('D').last()
df.fillna(np.mean(df)).head()
```

运行上述代码，输出结果如下所示。

```
Date           High         Low         Open        Close       Volume        Adj Close
2020-01-02 3098.100098 3066.335938 3066.335938 3085.197998 292500.000000 3085.197998
2020-01-03 3093.819092 3074.518066 3089.021973 3083.785889 261500.000000 3083.785889
2020-01-04 3073.462240 3028.739074 3050.477686 3054.258383 287184.699454 3054.258383
2020-01-05 3073.462240 3028.739074 3050.477686 3054.258383 287184.699454 3054.258383
2020-01-06 3107.202881 3065.309082 3070.908936 3083.407959 312600.000000 3083.407959
```

4.4.4　使用 diff()函数计算数据偏移

Pandas 库中的 diff()函数用来将数据进行某种移动之后与原数据进行比较得出差异。例如，计算两个相邻交易日数据之间的一阶差分，代码如下：

```
stock_info.diff(1).head()
```

运行上述代码，计算金融时间序列数据的一阶差分，输出结果如下所示。2020 年 1 月 2 日的数据为 NaN，是因为它的前一天（2020 年 1 月 1 日）没有交易。同理，如果执行的是二阶差分，则 2020 年 1 月 3 日的数据也是 NaN。

```
Date          High          Low         Open        Close      Volume    Adj Close
2020-01-02     NaN           NaN          NaN         NaN        NaN        NaN
2020-01-03 -4.281006      8.182129    22.686035  -1.412109  -31000.0  -1.412109
2020-01-06 13.383789     -9.208984   -18.113037  -0.377930   51100.0  -0.377930
```

```
2020-01-07  -1.751953   19.020020  14.579102   21.394043  -36000.0   21.394043
2020-01-08 -11.211914 -25.197998    8.750977  -37.908936   21300.0  -37.908936
```

此外，对于时间序列数据，还可以使用 pct_change() 函数来计算指标的增长率，代码如下：

```
stock_info.pct_change().head()
```

运行上述代码，输出结果如下所示。

```
   Date        High        Low        Open       Close      Volume     Adj Close
2020-01-02      NaN         NaN         NaN         NaN         NaN         NaN
2020-01-03 -0.001382    0.002668    0.007398   -0.000458   -0.105983   -0.000458
2020-01-06  0.004326   -0.002995   -0.005864   -0.000123    0.195411   -0.000123
2020-01-07 -0.000564    0.006205    0.004747    0.006938   -0.115163    0.006938
2020-01-08 -0.003610   -0.008170    0.002836   -0.012210    0.077007   -0.012210
```

4.5　上机实践题

练习 1：检查和处理 "9 月员工考核.xls" 中的缺失值，并使用最大值进行填充。

练习 2：检查和处理 "9 月员工考核.xls" 中的异常值，并使用中位数进行填充。

练习 3：利用 DataReader() 函数，统计 2020 年第三季度每个月上海证券交易所的交易日的数据。

第 5 章

利用 Python 进行数据分析

在对数据进行清洗后，就需要使用合适的统计分析方法对其进行分析，将它们加以汇总和理解并消化，以便最大化开发数据的功能，发挥数据的作用。本章将介绍如何利用 Python 进行数据分析，包括 Python 描述性分析、Python 相关分析、Python 线性回归分析。

5.1　Python 描述性分析

在数据分析中，最基本的分析方法便是描述性分析，其可以了解平均数、方差等，揭示数据的分布特性，在集中趋势分析、离散程度分析及分布中应用比较广泛。

如果使用 Excel 进行描述性分析，则需要先加载数据分析的功能。选择"文件"→"选项"命令，打开"Excel 选项"对话框。在其中选择"加载项"选项，在"管理"下拉列表中选择"Excel 加载项"选项，单击"转到"按钮。打开"加载项"对话框，并勾选相应的选项进行加载，如图 5-1 所示。

图 5-1　"加载项"对话框

之后可以使用数据分析工具进行操作。单击"数据"→"分析"→"数据分析"按钮，打开"数据分析"对话框，如图 5-2 所示。在"分析工具"列表框中选择"描述统计"选项，单击"确定"按钮，最后对输出选项进行设置即可。

图 5-2　"数据分析"对话框

本节介绍如何使用 Python 进行描述性分析。为了更好地介绍数据分析的基础指标，下面还是以 4 名学生 6 门课程的考试成绩为例进行介绍，创建数据集的代码如下：

```
import numpy as np
import pandas as pd
score = {'张三': [89,98,85,82,85,95],'李四': [90,91,87,92,95,85],
        '王五': [91,85,89,92,88,82],'赵六': [96,90,83,85,99,80]}
score = pd.DataFrame(score, index=['数学', '语文', '英语', '物理','化学', '
生物'])
score
```

运行上述代码，创建的数据集如下所示。

	张三	李四	王五	赵六
数学	89	90	91	96
语文	98	91	85	90
英语	85	87	89	83
物理	82	92	92	85
化学	85	95	88	99
生物	95	85	82	80

5.1.1　平均数及案例

平均数（这里指算术平均数）是一个比较重要的表示总体集中趋势的统计量。根据所掌握资料的表现形式不同，算术平均数有简单算术平均数和加权算术平均数两种。

1．简单算术平均数

简单算术平均数是将总体中各单位每一个标志值相加得到标志总量，再除以单位总量而求出的平均指标。其计算公式如下所示。

$$\overline{X} = \frac{X_1 + X_2 + \cdots + X_n}{n} = \frac{\sum X}{n}$$

简单算术平均数适用于总体单位数较少的未分组数据。如果所给的数据是已经被分组的次数分布数列，则算术平均数的计算应该采用加权算术平均数的形式。

例如，统计每名学生的考试成绩，代码如下：

```
score.mean()
```

代码输出结果如下所示。

```
张三     89.000000
李四     90.000000
王五     87.833333
赵六     88.833333
dtype: float64
```

还可以设置参数 axis，对行数据或列数据求平均数，参数 axis 的默认值是 0，即对列数据（每个学生）求平均数，代码如下：

```
score.mean(axis=0)
```

代码输出结果如下所示。

```
张三    89.000000
李四    90.000000
王五    87.833333
赵六    88.833333
dtype: float64
```

当 axis=1 时，表示对行数据（每门课程）求平均数，代码如下：

```
score.mean(axis=1)
```

代码输出结果如下所示。

```
数学    91.50
语文    91.00
英语    86.00
物理    87.75
化学    91.75
生物    85.50
dtype: float64
```

2．加权算术平均数

加权算术平均数是先用各组的标志值乘以相应的各组单位数，求出各组标志总量，并将各组标志总量相加求得总体标志总量，再将总体标志总量除以总体单位总量。其计算公式如下所示。

$$\bar{X} = \frac{f_1 X_1 + f_2 X_2 + \cdots + f_n X_n}{f_1 + f_2 + \cdots + f_n} = \frac{\sum fX}{\sum f}$$

其中，f_n 表示各组的单位数或频数和权数。

在 NumPy 中，使用 average()函数求加权算术平均数。例如，指定课程权重为 [1,2,3,3,2,1]，对每个学生求加权算术平均数，代码如下：

```
np.average(score,axis=0,weights=[1,2,3,3,2,1])
```

代码输出结果如下所示。

```
array([87.58333333, 90.33333333, 88.5, 88.16666667])
```

例如，指定学生权重为[1,2,3,3]，对每门课程求加权算术平均数，代码如下：

```
np.average(score,axis=1,weights=[1,2,3,3])
```

代码输出结果如下所示。

```
array([92.22222222, 89.44444444, 86.11111111, 88.55555556, 92.88888889,
    83.44444444])
```

5.1.2　中位数及案例

中位数也是一个比较重要的表示总体集中趋势的统计量。它将总体单位的某一个变量的各个变量值按大小顺序排列，处在数列中间位置的变量值就是中位数。

计算步骤如下：将各个变量值按大小顺序排列，当 n 为奇数项时，中位数就是居于中间位置的变量值；当 n 为偶数项时，中位数就是位于中间位置的两个变量值的算术平均数。

可以使用 median()函数计算每个学生成绩的中位数，代码如下：

```
score.median()
```

代码输出结果如下所示。

```
张三    87.0
李四    90.5
王五    88.5
赵六    87.5
dtype: float64
```

当 axis=1 时，计算每门课程成绩的中位数，代码如下：

```
score.median(axis=1)
```

代码输出结果如下所示。

```
数学    90.5
语文    90.5
英语    86.0
物理    88.5
化学    91.5
生物    83.5
dtype: float64
```

5.1.3　方差及案例

方差是一个比较重要的表示总体离中趋势的统计量。它是总体各单位的变量值与其算术平均数的离差平方的算术平均数，用 σ^2 表示。

方差的计算公式如下所示。

$$\sigma^2 = \frac{\sum(X - \bar{X})^2}{n}$$

可以使用 var()函数计算每个学生成绩的方差，代码如下：

```
score.var()
```

代码输出结果如下所示。

```
张三    39.600000
李四    12.800000
王五    14.166667
赵六    56.566667
dtype: float64
```

当 axis=1 时，计算每门课程成绩的方差，代码如下：

```
score.var(axis=1)
```

代码输出结果如下所示。

```
数学     9.666667
语文    28.666667
英语     6.666667
物理    25.583333
化学    40.916667
生物    44.333333
dtype: float64
```

5.1.4　标准差及案例

标准差是另一个比较重要的表示总体离中趋势的统计量。与方差不同的是，标准差具有量纲，它与变量值的计量单位相同，其实际意义要比方差清楚。因此，在对社会经济现象进行分析时，往往更多地使用标准差。

方差的平方根就是标准差，标准差的计算公式如下所示。

$$\sigma = \sqrt{\frac{\sum(X - \bar{X})^2}{n}}$$

可以使用 std()函数计算每个学生成绩的标准差，代码如下：

```
score.std()
```

代码输出结果如下所示。

```
张三    6.292853
李四    3.577709
王五    3.763863
```

```
赵六    7.521081
dtype: float64
```

当 axis=1 时，计算每门课程成绩的标准差，代码如下：

```
score.std(axis=1)
```

代码输出结果如下所示。

```
数学    3.109126
语文    5.354126
英语    2.581989
物理    5.057997
化学    6.396614
生物    6.658328
dtype: float64
```

5.1.5 百分位数及案例

如果将一组数据排序，并计算相应的累计百分位，则某个百分位所对应数据的值就被称为百分位数。常用的有四分位数，是指将数据分为四等份，分别位于 25%、50% 和 75% 的百分位数。

百分位数适合定序数据计算，不能用于定类数据计算，它的优点是不受极端值的影响。

可以使用 quartile() 函数计算百分位数，代码如下：

```
score.quartile()
```

代码输出结果如下所示。

```
张三    87.0
李四    90.5
王五    88.5
赵六    87.5
Name: 0.5, dtype: float64
```

在 quartile() 函数中，参数百分位点 q 的默认值是 0.5，即输出的是 50% 处的数据，参数插值方法 interpolation 的默认值是 linear，代码如下：

```
score.quartile(q=0.5, interpolation='linear')
```

代码输出结果如下所示。

```
张三    87.0
李四    90.5
王五    88.5
```

```
赵六      87.5
Name: 0.5, dtype: float64
```

还可以计算每个学生考试成绩 75%的百分位数，代码如下：

```
score.quartile(q=0.75, interpolation='linear')
```

代码输出结果如下所示。

```
张三      93.50
李四      91.75
王五      90.50
赵六      94.50
Name: 0.75, dtype: float64
```

5.1.6 变异系数及案例

变异系数是将标准差或平均差与其平均数对比所得的比值，又被称为离散系数。其计算公式如下所示。

$$V_\sigma = \frac{\sigma}{\bar{X}}$$

V_σ 表示标准差。变异系数是一个无名数的数值，可用于比较不同数列的变异程度。其中，最常用的变异系数是标准差系数。

计算每个学生成绩的变异系数，代码如下：

```
score.std()/score.mean()
```

代码输出结果如下所示。

```
张三      0.070706
李四      0.039752
王五      0.042852
赵六      0.084665
dtype: float64
```

当 axis=1 时，计算每门课程成绩的变异系数，代码如下：

```
score.std(axis=1)/score.mean(axis=1)
```

代码输出结果如下所示。

```
数学      0.033980
语文      0.058837
英语      0.030023
物理      0.057641
化学      0.069718
生物      0.077875
```

```
dtype: float64
```

5.1.7　偏度及案例

偏度是对数据分布偏斜方向及程度的测量。三阶中心矩除以标准差的三次方的方法计算偏度。偏度用 a_3 表示。其计算公式如下所示。

$$a_3 = \frac{\sum f(X - \bar{X})^3}{\sigma^3 \sum f}$$

在公式中，当计算结果为正数时，表示分布为右偏；当计算结果为负数时，表示分布为左偏。

计算每个学生考试成绩的偏度，代码如下：

```
score.skew()
```

代码输出结果如下所示。

```
张三    0.570633
李四    -0.117918
王五    -0.650146
赵六    0.335964
dtype: float64
```

当 axis=1 时，计算每门课程考试成绩的偏度，代码如下：

```
score.skew(axis=1)
```

代码输出结果如下所示。

```
数学    1.597078
语文    0.547285
英语    0.000000
物理    -0.295594
化学    0.140413
生物    1.463485
dtype: float64
```

5.1.8　峰度及案例

峰度是将频数分布曲线与正态分布相比较，它是用来反映频数分布曲线顶端尖峭或扁平程度的指标。四阶中心矩除以标准差的四次方的方法计算峰度。其计算公式如下所示。

$$a_4 = \frac{\sum f(X - \bar{X})^4}{\sigma^4 \sum f}$$

当 a_4=3 时，表示分布曲线为正态分布。

当 a_4<3 时，表示分布曲线为平峰分布。

当 a_4>3 时，表示分布曲线为尖峰分布。

计算每个学生考试成绩的峰度，代码如下：

```
score.kurtosis()
```

代码输出结果如下所示。

```
张三   -1.442455
李四   -0.490723
王五   -0.578159
赵六   -1.702873
dtype: float64
```

当 axis=1 时，计算每门课程考试成绩的峰度，代码如下：

```
score.kurtosis(axis=1)
```

代码输出结果如下所示。

```
数学    2.703924
语文    1.500000
英语   -1.200000
物理   -4.318391
化学   -3.250011
生物    2.120301
dtype: float64
```

5.2　Python 相关分析

相关分析用于研究定量数据之间的关系，包括是否有关系、关系紧密程度等，通常用于回归分析之前。例如，某电商平台需要研究客户满意度和重复购买意愿之间是否有关系，以及关系紧密程度如何时，就需要进行相关分析。

Excel 作为一个基本的数据分析工具，同样可以进行相关分析。学习用 Excel 进行相关分析可以使用户更好地理解相关分析的原理。

在 Excel 中计算相关系数有以下两种方法。

（1）可以直接利用 Excel 中的相关系数函数 correl()计算相关系数，也可以使用皮尔逊相关系数函数 person()计算相关系数。例如，计算办公用品类和技术类商品订单量的相关系数，如图 5-3 所示。

（2）也可以使用 Excel 中的数据分析工具进行操作。在"数据分析"对话框中的"分析工具"列表框中，选择"相关系数"选项，如图 5-4 所示，单击"确定"按钮，添加相关数据即可。

月份	办公用品	技术	家具	
1月	243	88	96	=CORREL(B2:B13,C2:C13)
2月	283	102	108	=PEARSON(B2:B13,C2:C13)
3月	433	128	194	
4月	92	29	31	
5月	133	51	69	
6月	485	176	198	
7月	325	141	116	
8月	327	111	107	
9月	447	166	164	
10月	97	40	29	
11月	158	57	70	
12月	435	159	167	

图 5-3　使用函数计算相关系数　　　　图 5-4　选择"相关系数"选项

本节使用 Python 进行相关分析。对于不同类型的变量，相关系数的计算公式也不同。在相关分析中，常用的相关系数主要有皮尔逊相关系数、斯皮尔曼相关系数、肯德尔相关系数等。

5.2.1　皮尔逊相关系数

皮尔逊相关系数用于反映两个连续性变量之间的线性相关程度。

当用于总体时，皮尔逊相关系数记作 ρ，公式如下所示。

$$\rho_{X,Y} = \frac{\mathrm{cov}(X,Y)}{\sigma_X \sigma_Y}$$

其中，$\mathrm{cov}(X,Y)$ 是 X、Y 的协方差，σ_X 是 X 的标准差，σ_Y 是 Y 的标准差。

当用于样本时，皮尔逊相关系数记作 r，公式如下所示。

$$r = \frac{\sum_{i=1}^{n}\left(X_i - \bar{X}\right)\left(Y_i - \bar{Y}\right)}{\sqrt{\sum_{i=1}^{n}\left(X_i - \bar{X}\right)^2}\sqrt{\sum_{i=1}^{n}\left(Y_i - \bar{Y}\right)^2}}$$

其中，n 是样本数量，X_i 和 Y_i 是变量 X、Y 对应的第 i 点观测值，$\bar{X}$ 是 X 样本平均数，$\bar{Y}$ 是 Y 样本平均数。

想要理解皮尔逊相关系数，先要理解协方差。协方差可以反映两个随机变量之间的关系，如果一个变量跟随另一个变量一起变大或变小，则这两个变量的协方差是正值，表示这两个变量之间呈正相关关系，反之亦然。

由公式可知，皮尔逊相关系数是用协方差除以两个变量的标准差得到的。如果协方差的值是一个很大的正数，则我们可以得到以下两种可能的结论。

- 两个变量之间呈很强的正相关性，这是因为 X 或 Y 的标准差相对很小。
- 两个变量之间并没有很强的正相关性，这是因为 X 或 Y 的标准差很大。

当两个变量的标准差都不为零时，皮尔逊相关系数才有意义。皮尔逊相关系数适用于以下 3 种情况。

- 两个变量之间是线性关系，都是连续数据。
- 两个变量的总体是正态分布，或者接近正态的单峰分布。
- 两个变量的观测值是成对的，每对观测值之间相互独立。

需要注意的是，简单相关系数所反映的并不是任何一种确定关系，而仅仅是线性关系。另外，相关系数所反映的线性关系并不一定是因果关系。

可以使用 corr()函数计算皮尔逊相关系数，代码如下：

```
score.corr()
```

代码输出结果如下所示。

```
        张三          李四          王五          赵六
张三  1.000000 -0.381985 -0.802181 -0.139449
李四 -0.381985  1.000000  0.475271  0.787863
王五 -0.802181  0.475271  1.000000  0.352075
赵六 -0.139449  0.787863  0.352075  1.000000
```

参数 method 可以指定计算类型，默认值是皮尔逊相关系数，代码如下：

```
score.corr(method='pearson')
```

代码输出结果如下所示。

```
        张三          李四          王五          赵六
张三  1.000000 -0.381985 -0.802181 -0.139449
李四 -0.381985  1.000000  0.475271  0.787863
王五 -0.802181  0.475271  1.000000  0.352075
赵六 -0.139449  0.787863  0.352075  1.000000
```

5.2.2 斯皮尔曼相关系数

斯皮尔曼相关系数用 ρ 表示，它利用单调方程评价两个统计变量的相关性，是衡量两个定序变量依赖性的非参数指标。如果数据中没有重复值，并且两个变量完全单调相关，则斯皮尔曼相关系数就为+1 或−1，计算公式如下。

$$\rho = 1 - \frac{6\sum_{i=1}^{N}d_i^2}{N\left(N^2-1\right)}$$

其中，N 为变量 X、Y 的元素个数，第 i（$1 \leqslant i \leqslant N$）个值分别用 X_i、Y_i 表示。

先对 X、Y 进行排序（同时为升序或降序），得到两个元素的排序集合。其中，元素 x_i 为 X_i 在 X 中的排行，元素 y_i 为 Y_i 在 Y 中的排行，将集合中的元素对应相减得到一个等级差分集合 $d_i = x_i - y_i$。

斯皮尔曼相关系数表明 X（独立变量）和 Y（依赖变量）的相关方向。当 X 增加时，Y 趋向于增加，斯皮尔曼相关系数为正数。当 X 减少时，Y 趋向于减少，斯皮尔曼相关系数为负数。当斯皮尔曼相关系数为 0 时，表明当 X 增加时，Y 没有任何趋向性。当 X 和 Y 越来越接近完全的单调相关时，斯皮尔曼相关系数的绝对值就会增大。当 X 和 Y 完全单调相关时，斯皮尔曼相关系数的绝对值为 1。

可以通过设置参数 method 指定斯皮尔曼相关系数，代码如下：

```
score.corr(method='spearman')
```

代码输出结果如下所示。

```
         张三        李四        王五        赵六
张三   1.000000  -0.434828  -0.753702  -0.086966
李四  -0.434828   1.000000   0.371429   0.771429
王五  -0.753702   0.371429   1.000000   0.257143
赵六  -0.086966   0.771429   0.257143   1.000000
```

5.2.3　肯德尔相关系数

肯德尔相关系数是以 Maurice Kendall 命名的，并使用希腊字母 τ（Tau）表示其值。肯德尔相关系数是一个用来测量两个随机变量相关性的统计值。一个肯德尔检验是一个无参数假设检验，它使用通过计算得来的相关系数来检验两个随机变量的统计依赖性。肯德尔相关系数的取值范围为 -1～1。当 $\tau = 1$ 时，表示两个随机变量拥有一致的等级相关性；当 $\tau = -1$ 时，表示两个随机变量拥有完全相反的等级相关性；当 $\tau = 0$ 时，表示两个随机变量是相互独立的。

假设两个随机变量分别为 X 和 Y（也可以看成两个集合），它们的元素个数均为 N，两个随机变量取的第 i（$1 \leqslant i \leqslant N$）个值分别用 X_i、Y_i 表示。X 与 Y 中的对应元素组成一个元素对集合 (X,Y)，其包含的元素为 (X_i, Y_i)（$1 \leqslant i \leqslant N$）。当集合 (X,Y) 中任意两个元素 (X_i, Y_i) 与 (X_j, Y_j) 的等级相同时，也就是说当出现情况 1 或情况 2 时（情况 1，$X_i > X_j$ 且 $Y_i > Y_j$；情况 2，$X_i < X_j$ 且 $Y_i < Y_j$），这两个元素被认为是一致的。当出现情况 3 或情况 4 时（情况 3，$X_i > X_j$ 且 $Y_i < Y_j$；情况 4，$X_i < X_j$ 且 $Y_i > Y_j$），这两个元素被认为是不一致的。当出现情况 5 或情况 6 时（情况 5，$X_i = X_j$；情况 6，$Y_i = Y_j$），这两个元素被认为既不是一致的又不是不一致的。

肯德尔相关系数的计算公式如下所示。

（1）当变量中不存在相同元素时，肯德尔相关系数的计算公式如下所示。

$$T_{au-a} = \frac{2(C-D)}{N(N-1)}$$

其中，C 表示集合 (X,Y) 中拥有一致性的元素对数（两个元素为一对），D 表示集合 (X,Y) 中拥有不一致性的元素对数。

（2）当变量中存在相同元素时，肯德尔相关系数的计算公式如下所示。

$$T_{au-b} = \frac{C-D}{\sqrt{(N_3-N_1)(N_3-N_2)}}$$

其中，

$$N_1 = \sum_{i=1}^{s} \frac{1}{2} U_i(U_i-1)$$

$$N_2 = \sum_{i=1}^{t} \frac{1}{2} V_i(V_i-1)$$

$$N_3 = \frac{1}{2} N(N-1)$$

N_1、N_2 分别是针对集合 (X,Y) 计算的。下面以计算 N_1 为例，给出 N_1 的由来：将集合 X 中的相同元素分别组合成小集合，s 表示集合 X 中拥有的小集合数（如果集合 X 中包含的元素为 1 2 3 4 3 3 2，那么这里得到的 s 为 2，因为只有数字 2 和 3 有相同元素），U_i 表示第 i 个小集合中所包含的元素数。N_2 是在集合 Y 的基础上计算得来的。

可以通过设置参数 method 指定肯德尔相关系数，代码如下：

```
score.corr(method='kendall')
```

代码输出结果如下所示。

	张三	李四	王五	赵六
张三	1.000000	-0.276026	-0.552052	-0.138013
李四	-0.276026	1.000000	0.333333	0.600000
王五	-0.552052	0.333333	1.000000	0.200000
赵六	-0.138013	0.600000	0.200000	1.000000

可以看出相关系数皮尔逊、斯皮尔曼和肯德尔，均用于描述相关关系程度，判断标准也基本一致。通常，当相关系数的绝对值大于 0.7 时，表示两个变量之间具有非常强的相关关系；当相关系数的绝对值大于 0.4 时，表示两个变量之间具有强的相关关

系；当相关系数的绝对值小于 0.2 时，表示两个变量之间具有较弱的相关关系。

皮尔逊、斯皮尔曼和肯德尔 3 类相关系数的应用场景存在明显的差异，如表 5-1 所示。

表 5-1　3 类相关系数的区别

相关系数	使　用　场　景	备　　　注
皮尔逊	定量数据，数据基本满足正态性	正态图用于查看正态性，散点图用于展示数据关系
斯皮尔曼	定量数据，数据基本不满足正态性	散点图用于查看正态性，散点图用于展示数据关系
肯德尔	定量数据一致性判断	通常用于评分数据的一致性研究，如评委打分

皮尔逊相关系数经常被使用，不过其在使用时有一个条件，即变量需要服从正态分布。当变量不符合正态分布时，就需要使用斯皮尔曼相关系数（但是当样本量大于一定数量时，变量也会近似地服从正态分布，因此也可以使用皮尔逊相关系数）。无论是皮尔逊相关系数还是斯皮尔曼相关系数，其实际依然是研究相关关系的，其结论并不会有太大区别，并且数据正态分布通常在理想状态下才会成立。因而，在现实研究中使用皮尔逊相关系数的情况较多。肯德尔相关系数多用于计算评分一致性，如评委打分等。

5.3　Python 线性回归分析

回归分析是研究一个变量（被解释变量）与另一个变量或几个变量（解释变量）的具体依赖关系的计算方法和理论。此方法是从一组样本数据出发，确定变量之间的数学关系式，并对这些关系式的可信程度进行各种统计检验，从影响某一个特定变量的诸多变量中找出哪些变量的影响显著，哪些变量的影响不显著。可以利用所求的关系式，根据一个变量或几个变量的取值来预测或控制另一个特定变量的取值，同时给出这种预测或控制的精确程度。

在 Excel 中可以使用数据分析工具进行线性回归分析。在"数据分析"对话框的"分析工具"列表框中，选择"回归"选项，如图 5-5 所示，单击"确定"按钮，添加相关指标数据即可。

图 5-5　选择"回归"选项

回归分析分为线性回归、逻辑回归、Lasso 回归与 Ridge 回归等类型，本节将详细介绍如何使用 Python 进行线性回归分析，包括线性回归模型简介、线性回归模型建模等，并通过汽车销售商的销售数据预测汽车的销售价格。

5.3.1　线性回归模型简介

线性回归是利用回归方程（函数）对一个或多个自变量（特征值）和因变量（目标值）之间的关系进行建模的一种分析方法。线性回归能够用一条直线较为精确地描述数据之间的关系。这样，当出现新的数据时，就能够预测出一个简单的值。线性回归中常见的案例就是预测房屋面积和房价的问题。在线性回归中，只有一个自变量的情况被称为一元线性回归，有一个或多个自变量的情况被称为多元线性回归。

多元线性回归模型是日常工作中应用频繁的模型，公式如下所示。

$$y = \beta_0 + \beta_1 x_1 + \beta_2 x_2 + \cdots + \beta_k x_k + \varepsilon$$

其中，$x_1, \cdots, x_k$ 是自变量，y 是因变量，β_0 是截距，$\beta_1, \cdots, \beta_k$ 是变量回归系数，ε 是误差项的随机变量。

对于误差项有以下 3 个假设条件。

- 误差项 ε 是一个期望为 0 的随机变量。
- 对于自变量的所有值，误差项 ε 的方差都相同。
- 误差项 ε 是一个服从正态分布的随机变量，且相互独立。

想要预测值尽量准确，就必须让真实值与预测值的差值最小，即让误差平方和最小，使用如下所示的公式来表达，具体推导过程可参考相关的资料。

$$J(\beta) = \sum (y - X\beta)^2$$

损失函数只是一种策略，有了该策略，我们还要用适合的算法进行求解。在线性回归模型中，求解损失函数就是求与自变量相对应的各个回归系数和截距。有了这些参数，我们才能实现模型的预测。

对于误差平方和损失函数的求解方法有很多，如最小二乘法、梯度下降法等，具体介绍如下。

最小二乘法的特点如下。

- 得到的是全局最优解，因为一步到位，直接求极值，所以步骤简单。
- 线性回归的模型假设，这是最小二乘法的优越性前提。

梯度下降法的特点如下。

- 得到的是局部最优解，因为是一步步迭代的，而非直接求得极值。

- 既可以用于线性模型，又可以用于非线性模型，没有特殊的限制和假设条件。

在回归分析中，还需要进行线性回归诊断。线性回归诊断是对线性回归分析中的假设及数据的检验与分析，主要的衡量值是判定系数和估计标准误差。

（1）判定系数

回归直线与各观测点的接近程度成为回归直线对数据的拟合优度。而评判直线拟合优度需要一些指标，其中一个指标就是判定系数。

我们知道，因变量 y 值有来自以下两个方面的影响。

- 来自 x 值的影响，也就是我们预测的主要依据。
- 来自无法预测的干扰项 ε 的影响。

如果线性回归的预测非常准确，它就需要让来自 x 的影响尽可能大，而让来自无法预测的干扰项的影响尽可能小。也就是说，x 的影响占比越高，预测效果就会越好。下面来看一下如何定义这些影响，并形成指标。其公式如下所示。

$$SST = \sum \left(y_i - \overline{y} \right)^2$$

$$SSR = \sum \left(\hat{y}_i - \overline{y} \right)^2$$

$$SSE = \sum \left(y_i - \hat{y} \right)^2$$

SST（总平方和）：偏差总平方和。

SSR（回归平方和）：由 x 与 y 之间的线性关系引起的 y 的变化。

SSE（残差平方和）：除 x 的影响之外的其他因素引起的 y 的变化。

总平方和、回归平方和、残差平方和三者之间的关系如图 5-6 所示。

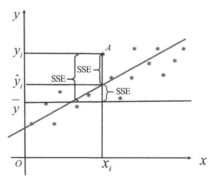

图 5-6　总平方和、回归平方和、残差平方和三者之间的关系

它们之间的关系是：如果 SSR 的值越大，则表示回归预测会越准确，观测点也就越靠近直线，直线拟合就会越好。因此，判定系数的定义就被自然地引出来了，我们一般称为 R^2。其公式如下所示。

$$R^2 = \frac{\text{SSR}}{\text{SST}} = 1 - \frac{\text{SSE}}{\text{SST}}$$

（2）估计标准误差

判定系数 R^2 的意义是根据由 x 引起的影响占总影响的比例来判断拟合程度。当然，我们也可以从误差的角度去评估，也就是用 SSE 进行判断。估计标准误差是说明实际值与其估计值之间相对偏离程度的指标，可以度量实际观测点在直线周围散布的情况。其公式如下所示。

$$S_\varepsilon = \sqrt{\frac{\text{SSE}}{n-2}} = \sqrt{\text{MSE}}$$

估计标准误差与判定系数相反，S_ε 反映了预测值与真实值之间误差的大小。误差越小，就说明拟合度越高；相反，误差越大，就说明拟合度越低。

线性回归主要用来解决连续性数值预测的问题，目前它在经济、金融、社会、医疗等领域都有广泛的应用，如我们要研究有关吸烟对死亡率和发病率的影响等。此外，线性回归还在以下诸多方面得到了很好的应用。

- 客户需求预测：通过海量的买家和卖家交易数据等，对未来商品的需求进行预测。
- 电影票房预测：通过历史票房数据、影评数据等公众数据，对电影票房进行预测。
- 湖泊面积预测：通过研究湖泊面积变化的多种影响因素，构建湖泊面积预测模型。
- 房地产价格预测：利用相关历史数据分析影响商品房价格的因素并进行模型预测。
- 股价波动预测：某公司在搜索引擎中的搜索量代表了该股票被投资者关注的程度。
- 人口增长预测：通过历史数据分析影响人口增长的因素，对未来人口数量进行预测。

5.3.2 线性回归模型建模

线性回归通过规定因变量和自变量来确定变量之间的因果关系，建立线性回归模型，并根据实测数据求解模型的各个参数，然后评价回归模型是否能够很好地拟合实测数据。如果能够很好地拟合实测数据，就可以根据自变量进行进一步的预测，否则需要优化模型或更换模型。

线性回归模型的建模过程比较简单，具体步骤如下。

（1）确定变量

明确预测的具体目标，也就确定了因变量。例如，预测具体目标是 2021 年第一季度的销售量，那么销售量 Y 就是因变量。通过市场调查和查阅资料，寻找与预测目标的相关影响因素，即自变量，并从中选出主要的影响因素。

（2）建立预测模型

依据自变量和因变量的历史统计资料进行计算，在此基础上建立回归分析方程，即回归分析预测模型。

（3）进行相关分析

回归分析是对具有因果关系的影响因素（自变量）和预测对象（因变量）所进行的数理统计分析处理。只有当自变量与因变量确实存在某种关系时，建立的回归方程才有意义。因此，作为自变量的因素与作为因变量的预测对象是否有关、相关程度如何，以及判断这种相关程度的把握性多大，就成为进行回归分析必须要解决的问题。在进行回归分析时，一般要计算出相关系数，其大小用于判断自变量和因变量的相关程度。

（4）计算预测误差

回归预测模型是否可用于实际预测，取决于对回归预测模型的检验和对预测误差的计算。回归方程只有通过各种检验，且预测误差较小，才能将回归方程作为预测模型进行预测。

（5）确定预测值

利用回归预测模型计算预测值，并对预测值进行综合分析，从而可以确定最后的预测值。

回归分析的注意事项如下。

- 在应用回归预测法时应先选择合适的变量数据，再判断变量之间的依存关系。
- 确定变量之间是否存在相关关系，如果不存在，就不能应用回归预测法进行分析。
- 避免预测数值任意外推，即根据一组观测值来计算观测范围以外同一个对象的值。

5.3.3　线性回归模型案例

下面是某汽车销售商销售的不同类型汽车的数据集，包括汽车的制造商、燃料类型、发动机位置等 17 个参数，如表 5-2 所示。

表 5-2　汽车数据集

属　　性	说　　明
id	编号
make	制造商
fuel-type	燃料类型

续表

属　　性	说　　明
num-of-doors	门数
engine-location	发动机位置
wheel-base	轴距
length	长度
width	宽度
height	高度
engine-type	发动机类型
num-of-cylinders	气缸数
engine-size	引擎大小
horsepower	马力
peak-rpm	峰值转速
city-mpg	城市千米每升
highway-mpg	高速千米每升
price	价格

首先，导入汽车数据集，由于这里是使用马力（horsepower）、宽度（width）、高度（height）来预测汽车的价格（price），因此只需要保留 price、horsepower、width 和 height 这 4 个变量，其他变量可以丢弃，并且查看数据集的维数和各个字段的类型，代码如下：

```
#导入相关库
import numpy as np
import pandas as pd

#获取数据
auto = pd.read_csv(r"D:\Python 办公自动化实战：让工作化繁为简\ch05\cars.csv")
auto = auto[['price','horsepower','width','height']]

print('数据维数:{}'.format(auto.shape))
print('数据类型\n{}\n'.format(auto.dtypes))
auto.head()
```

运行上述代码，数据维数、数据类型和前 5 条数据如下所示。

```
数据维数:(159, 4)
数据类型
price          int64
horsepower     int64
width          float64
height         float64
dtype: object
```

```
     price  horsepower   width   height
0    13950     102        66.2    54.3
1    17450     115        66.4    54.3
2    17710     110        71.4    55.7
3    23875     140        71.4    55.9
4    16430     101        64.8    54.3
```

注意：由于这里的数据集在导入之前已经进行了缺失值和异常值等处理，因此这里就不再进行相关的数据预处理。

然后，对 price、horsepower、width 和 height 这 4 个变量进行相关性分析并绘制相关系数热力图，代码如下：

```
#导入相关库
import matplotlib.pyplot as plt
import seaborn as sns

#计算相关系数
corr = auto.corr()
print(corr)

#绘制相关系数热力图
plt.figure(figsize=[12,7])      #指定图片大小
sns.heatmap(corr,annot=True, fmt='.4f',square=True,cmap='Pastel1_r',
linewidths=1.0, annot_kws={'size':14,'weight':'bold', 'color':'blue'})
sns.set_context("notebook", font_scale=1.5, rc={"lines.linewidth": 1.5})
```

运行上述代码，输出结果如图 5-7 所示。可以看出：汽车价格（price）与汽车马力（horsepower）的相关系数为 0.7599，与汽车宽度（width）的相关系数为 0.8434，与汽车高度（height）的相关系数为 0.2448。

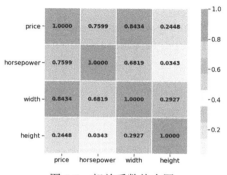

图 5-7　相关系数热力图

　　根据相关分析可知：汽车价格与汽车马力和汽车宽度存在较高的相关性，但与汽车高度的相关性很弱。下面创建汽车价格与汽车马力和汽车宽度的多元线性回归模型，代码如下：

```python
#导入相关库
import numpy as np
import pandas as pd
from sklearn.model_selection import train_test_split
from sklearn.linear_model import LinearRegression

#获取数据
auto = pd.read_csv(r"D:\Python 办公自动化实战：让工作化繁为简\ch05\cars.csv")
auto = auto[['price','horsepower','width']]

#为目标变量指定价格，为解释变量指定其他价格
X = auto.drop('price', axis=1)
y = auto['price']

#分为训练数据和测试数据
X_train, X_test, y_train, y_test = train_test_split(X, y, test_size=0.5,
random_state=0)

#多元回归类的初始化和学习
model = LinearRegression()
model.fit(X_train, y_train)

#显示决定系数
print('训练集决定系数:{:.3f}'.format(model.score(X_train,y_train)))
print('测试集决定系数:{:.3f}'.format(model.score(X_test,y_test)))

#回归系数和截距
print('\n 回归系数\n{}'.format(pd.Series(model.coef_, index=X.columns)))
print('截距: {:.3f}'.format(model.intercept_))
```

　　运行上述代码，模型输出的决定系数和回归系数如下所示。

```
训练集决定系数:0.771
测试集决定系数:0.776


回归系数
horsepower      63.467316
width         1852.175344
```

```
dtype: float64
截距: -116198.323
```

可以看出模型的效果一般，其中训练集决定系数是 0.771，测试集决定系数是 0.776，以及模型变量的回归系数等。

由模型输出结果可知，汽车价格预测模型的回归方程为：

```
Price = -116198.323 + 63.467316* horsepower + 1852.175344*width
```

5.4 上机实践题

练习 1：计算汽车数据集（cars）中汽车马力（horsepower）的标准差。

练习 2：计算汽车马力（horsepower）、引擎大小（engine-size）、汽车长度（length）3 个变量的皮尔逊相关系数。

练习 3：使用引擎大小（engine-size）、汽车长度（length）两个变量预测汽车马力（horsepower）。

第 6 章

利用 Python 进行数据可视化

通常，在实际工作中，借助图形化的手段，可以清晰、有效地传达所要沟通的信息。因此，图表是"数据可视化"的常用和重要手段，其中基本图表是重要组成部分。基本图表可以分为对比型、趋势型、比例型、分布型等。下面结合 Excel 逐一介绍如何使用 Python 进行数据可视化。

6.1　绘制对比型图表及案例

对比型图表一般是比较几组数据的差异。这些差异通过视觉和标记来区分，体现在可视化中通常表现为高度差异、宽度差异、面积差异等，包括柱形图、条形图、气泡图、雷达图等。

在 Excel 中，可以绘制各类的对比型图表。例如，绘制 2020 年企业各门店商品销售额的条形图，如图 6-1 所示。

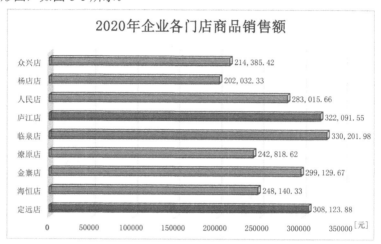

图 6-1　2020 年企业各门店商品销售额的条形图

本节使用 Python 中的 Altair 可视化库进行讲解。它是一个专门为 Python 编写的可视化库，可以让数据科学家更多地关注数据本身和其内在的联系。因为建立在强大的 Vega-Lite（交互式图形语法）之上，Altair API 具有简单、友好、一致等特点。Vega-Lite 是基于底层可视化语法 Vega 上的封装，提出了一套能够快速构建交互式可视化的高阶语法。

6.1.1　绘制条形图

条形图用于显示各项目之间的比较情况，纵轴表示分类，横轴表示值。条形图强调各个值之间的比较，不太关注时间的变化。

例如，使用 Altair 自带的 wheat 数据集，绘制小麦价格和人工工资的复合条形图，代码如下：

```
#导入相关库
import altair as alt
```

```
from vega_datasets import data

#读取数据
source = data.wheat()

#绘制图形
base = alt.Chart(source).encode(x=alt.X('year:O',axis=alt.Axis(orient=
'bottom',labelFontSize=16,titleFontSize=20)))          #横轴 year
bar = base.mark_bar().encode(y=alt.Y('wheat:Q', axis=alt.Axis(orient=
'left',labelFontSize=16,titleFontSize=20)))            #主坐标轴 wheat
line = base.mark_line(color='red').encode(y=alt.Y('wages:Q', axis=alt.
Axis(orient='right',labelFontSize=16,titleFontSize=20)))  #次坐标轴 wages
(bar + line).properties(width=500,height=300)
```

在 JupyterLab 中运行上述代码，生成如图 6-2 所示的复合条形图。

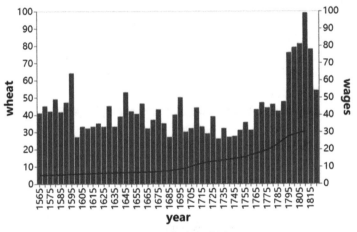

图 6-2　复合条形图

6.1.2　绘制气泡图

气泡图是散点图的变体，气泡大小表示数据维，通常用于比较和展示不同类别之间的关系。

例如，使用 Altair 自带的 cars 数据集，绘制汽车的马力、油耗和加速能力的气泡图，代码如下：

```
#导入相关库
import altair as alt
from vega_datasets import data
```

```
#读取数据
source = data.cars()
```

```
#绘制图形
alt.Chart(source).mark_point().encode(
    x=alt.X('Horsepower',axis=alt.Axis(orient='bottom',labelFontSize=
16,titleFontSize=20)),    #横轴 Horsepower
    y=alt.Y('Miles_per_Gallon', axis=alt.Axis(orient='left',labelFontSize=
16,titleFontSize=20)),    #纵轴 Miles_per_Gallon
    size='Acceleration'    #气泡的大小 Acceleration
).properties(width=500,height=300)
```

在 JupyterLab 中运行上述代码，生成如图 6-3 所示的气泡图。

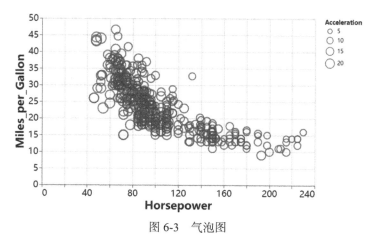

图 6-3　气泡图

6.2　绘制趋势型图表及案例

趋势型图表用来反映数据随时间变化而变化的关系，适用于显示趋势比显示单个数据点更重要的场合，包括折线图、面积图等。

在 Excel 中，可以绘制各类的趋势型图表。例如，绘制 2015—2020 年企业商品订单量变化的折线图，如图 6-4 所示。

本节使用 Pygal 可视化库进行讲解。它以面向对象的方式来创建各种数据图，而且用户使用 Pygal 可以非常方便地生成各种格式的数据图，包括.png、.svg 等。使用 Pygal 也可以生成 XMLetree 和 HTML 表格。

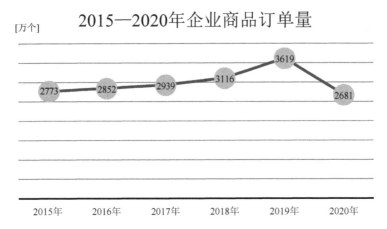

图 6-4　2015—2020 年企业商品订单量变化的折线图

6.2.1　绘制折线图

折线图用于显示数据在一个连续的时间间隔或跨度上的变化，用于反映事物随时间或有序类别而变化的趋势。

例如，为了研究 2020 年每个月不同价值类型客户的流失量情况，绘制 3 种价值类型客户的折线图，代码如下：

```
#导入相关库
import pygal
from pygal.style import Style
custom_style = Style(
    label_font_size=20,
    major_label_font_size=20,
    legend_font_size=20)

#绘制图形
line_chart = pygal.Line(style=custom_style)
line_chart.x_labels = map(str, range(1, 13))
line_chart.add('低价值', [27,28,24,23,26,29,23,22,29,25,23,21])
line_chart.add('中价值', [15,10,13,14,11,11,15,12,13,11,14,15])
line_chart.add('高价值', [6,5,4,8,5,9,3,5,6,8,9,6])

#保存图形
line_chart.render_to_file('折线图.svg')
```

在 JupyterLab 中运行上述代码，生成如图 6-5 所示的折线图。

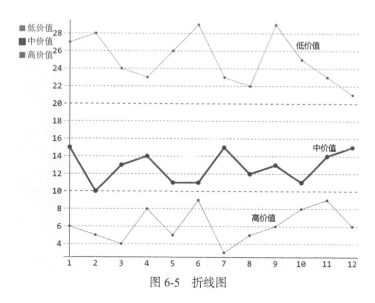

图 6-5　折线图

6.2.2　绘制面积图

面积图实际上是折线图的另一种表现形式，其一般用于显示不同数据系列之间的对比关系，同时也显示各个数据系列与整体的比例关系，强调随时间变化的幅度。

此外，可以使用面积图分析不同价值类型客户的流失量情况，代码如下：

```
#导入相关库
import pygal
from pygal.style import Style
custom_style = Style(
    label_font_size=20,
    major_label_font_size=20,
    legend_font_size=20)


#绘制图形
line_chart = pygal.StackedLine(fill=True,style=custom_style)
line_chart.x_labels = map(str, range(1, 13))
line_chart.add('低价值', [27,28,24,23,26,29,23,22,29,25,23,21])
line_chart.add('中价值', [15,10,13,14,11,11,15,12,13,11,14,15])
line_chart.add('高价值', [6,5,4,8,5,9,3,5,6,8,9,6])


#保存图像
line_chart.render_to_file('面积图.svg')
```

在 JupyterLab 中运行上述代码，生成如图 6-6 所示的面积图。

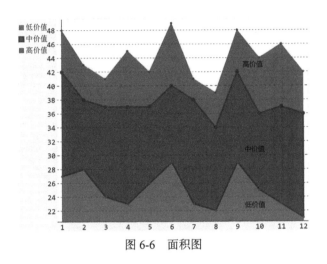

图 6-6　面积图

6.3　绘制比例型图表及案例

比例型图表用于展示每一部分所占整体的百分比，至少有一个分类变量和数值变量，包括饼图、环形图等。

在 Excel 中，可以绘制各类的比例型图表。例如，绘制 2020 年不同地区商品订单量的环形图，如图 6-7 所示。

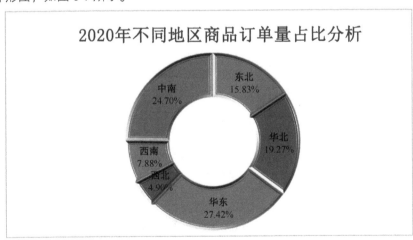

图 6-7　2020 年不同地区商品订单量的环形图

本节使用 Pyecharts 可视化库进行讲解。它是用于生成 Echarts 图表的库，可以与 Python 进行对接，以便直接生成图形。Echarts 是百度开源的一个数据可视化库，生成

的可视化效果较好，凭借其良好的交互性与精巧的图表设计，获得了众多开发者的认
可。

6.3.1　绘制饼图

饼图是将一个圆饼按照各个分类的占比划分成若干个区块，整个圆饼表示数据的
总量，每个圆弧表示各个分类的比例大小，所有区块的和等于 100%。

例如，使用 Pie() 函数绘制 2020 年上半年不同地区的销售额分析的饼图，代码如下：

```
#声明 Notebook 类型，必须在引入 pyecharts.charts 等模块之前声明
from pyecharts.globals import CurrentConfig, NotebookType
CurrentConfig.NOTEBOOK_TYPE = NotebookType.JUPYTER_LAB

from pyecharts import options as opts
from pyecharts.charts import Pie
import pymysql

#连接 MySQL 数据库
v1 = []
v2 = []
conn = pymysql.connect(host='127.0.0.1',port=3306,user='root',password=
'root',db='sales',charset='utf8')
cursor = conn.cursor()

#读取 MySQL 数据库
sql_num = '''
 SELECT a11.region,ROUND((a11.count/a21.sum)*100,2) as zhanbi from
   (SELECT  region,ROUND(SUM(sales),2)  as  count,'a'  FROM  orders  WHERE
dt=2020 GROUP BY region) a11
 LEFT JOIN
   (SELECT ROUND(SUM(sales),2) as sum,'a' FROM orders WHERE dt=2020) a21
 on a11.a = a21.a order by zhanbi desc'''
cursor.execute(sql_num)
sh = cursor.fetchall()
for s in sh:
    v1.append(s[0])
    v2.append(s[1])

#绘制饼图
def Pie_toolbox() -> Pie:
```

```
c = (
    Pie()
    .add(
        "",
        [list(z) for z in zip(v1, v2)],
        center=["45%", "60%"],
    )
    .set_global_opts(
        title_opts=opts.TitleOpts(title="2020 年上半年不同地区的销售额分析",
title_textstyle_opts=opts.TextStyleOpts(font_size=20)),
                    #toolbox_opts=opts.ToolboxOpts(),
                    legend_opts=opts.LegendOpts(is_show=True,pos_right=
40,item_width=40,item_height=20,textstyle_opts=opts.TextStyleOpts(font_
size=16)))
    .set_series_opts(label_opts=opts.LabelOpts(formatter="{b}: {c}%",
font_size = 16))
    )
    return c

#第一次渲染时调用 load_javascript 文件
Pie_toolbox().load_javascript()
#展示数据可视化图表
Pie_toolbox().render_notebook()
```

在 JupyterLab 中运行上述代码，生成如图 6-8 所示的饼图。

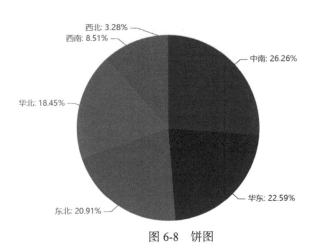

图 6-8　饼图

6.3.2 绘制环形图

环形图是一种特殊的饼图，它是由两个及两个以上大小不一的饼图叠加在一起，挖去中间部分所构成的图形。

例如，使用 Pie()函数绘制 2020 年上半年不同收入群体购买力分析的环形图，代码如下：

```
#声明 Notebook 类型，必须在引入 pyecharts.charts 等模块之前声明
from pyecharts.globals import CurrentConfig, NotebookType
CurrentConfig.NOTEBOOK_TYPE = NotebookType.JUPYTER_LAB

from pyecharts import options as opts
from pyecharts.charts import Page, Pie
import pymysql

#连接 MySQL 数据库
v1 = []
v2 = []
conn = pymysql.connect(host='127.0.0.1',port=3306,user='root',password=
'root',db='sales',charset='utf8')
cursor = conn.cursor()

#读取 MySQL 数据库
sql_num = "SELECT income,ROUND(SUM(sales/10000),2) FROM customers,orders
WHERE customers.cust_id=orders.cust_id and dt=2020 GROUP BY income"
cursor.execute(sql_num)
sh = cursor.fetchall()
for s in sh:
    v1.append(s[0])
    v2.append(s[1])

#绘制环形图
def pie_radius() -> Pie:
    c = (
        Pie()
        #设置圆环的宽度
        .add("",[list(z) for z in zip(v1, v2)],radius=["40%", "75%"])
        #设置圆环的颜色
        .set_colors(["blue", "green", "purple", "red", "silver"])
        .set_global_opts(
```

```
        title_opts=opts.TitleOpts(title="2020 年上半年不同收入群体的购买力分
析",title_textstyle_opts=opts.TextStyleOpts(font_size=20)),
        toolbox_opts=opts.ToolboxOpts(),
        legend_opts=opts.LegendOpts(orient="vertical",  pos_top="35%",
pos_left="2%",textstyle_opts=opts.TextStyleOpts(font_size=16))
    )
    .set_series_opts(label_opts=opts.LabelOpts(formatter="{b}: {c}",
font_size = 16))
    )
    return c
```

```
#第一次渲染时调用 load_javascript 文件
pie_radius().load_javascript()
#展示数据可视化图表
pie_radius().render_notebook()
```

在 JupyterLab 中运行上述代码，生成如图 6-9 所示的环形图。

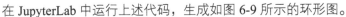

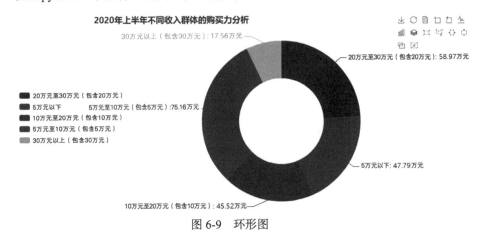

图 6-9　环形图

6.4　绘制分布型图表及案例

分布型图表用于研究数据的集中趋势、离散程度等描述性度量，通过这些反映数据的分布特征，包括散点图、箱型图等。

在 Excel 中，可以绘制各类的分布型图表。例如，绘制 2020 年销售额分析散点图，如图 6-10 所示。

本节使用 Plotly 可视化库进行讲解，它是 Python 中一个可以实现在线可视化交互的库，优点是能提供 Web 在线交互。其功能非常强大，可以在线绘制条形图、散点图、饼图、直方图等多种图形，还可以绘制出媲美 Tableau 的高质量视图。此外，Plotly 还支持在线编辑图形，支持 Python、JavaScript、MATLAB 和 R 等多种语言的 API。

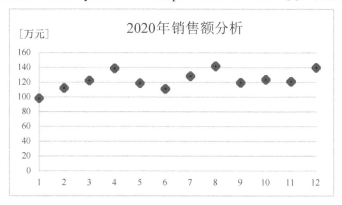

图 6-10　2020 年销售额分析散点图

6.4.1　绘制散点图

散点图将所有的数据以点的形式展现在直角坐标系上，以显示变量之间的相互影响程度，点的位置由变量的数值决定。

例如，为了研究各门店商品的订单量与退单量的关系，绘制订单量与退单量的散点图，代码如下：

```
#导入相关库
import numpy as np
import pandas as pd
import plotly.offline as py
import plotly.graph_objs as go

#读取数据
store = ['定远店','东海店','海恒店','金寨店','燎原店','临泉店','庐江店','明耀店','众兴店']
order = [112,123,126,136,138,149,151,154,165]
chargeback = [26,31,40,32,54,45,31,39,45]

#创建 layout 对象
layout = go.Layout(font={'size':22,'family':'sans-serif'})

#绘制图形
```

```
colors = np.random.rand(len(order))
fig = go.Figure(layout=layout)
fig.add_scatter(x=order,y=chargeback,mode='markers',marker={'size':
chargeback,'color': colors,'opacity': 0.9,'colorscale': 'Viridis',
'showscale': True})
py.plot(fig)
```

在 JupyterLab 中运行上述代码，生成如图 6-11 所示的散点图。

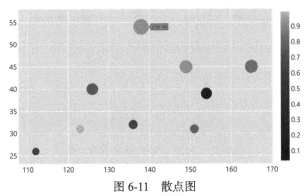

图 6-11　散点图

6.4.2　绘制箱型图

箱型图又被称为箱线图，它是一种用于显示一组数据分散情况的统计图，能显示出一组数据的最大值、最小值、中位数及上下四分位数，因形状如箱子而得名。

例如，为了研究 2020 年不同类型客户的满意度情况，绘制 2020 年上半年和下半年不同类型客户满意度的箱型图，代码如下：

```
#导入相关库
import numpy as np
import pandas as pd
import plotly.offline as py
import plotly.graph_objs as go

#创建 layout 对象
layout = go.Layout(font={'size':22,'family':'sans-serif'})

#绘制图形
y = ['2020年上半年', '2020年上半年', '2020年上半年', '2020年上半年', '2020年
上半年', '2020年上半年',
     '2020年下半年', '2020年下半年', '2020年下半年', '2020年下半年', '2020年下
半年', '2020年下半年']
```

```
fig = go.Figure(layout=layout)
fig.add_trace(go.Box(
    x=[22, 22, 26, 10, 15, 14, 22, 27, 19, 11, 15, 23],
    y=y,
    name='公司',
    marker_color='#3D9970'
))
fig.add_trace(go.Box(
    x=[26, 27, 23, 16, 10, 15, 17, 19, 25, 18, 17, 22],
    y=y,
    name='消费者',
    marker_color='#FF4136'
))
fig.add_trace(go.Box(
    x=[11, 23, 21, 19, 16, 26, 19, 10, 13, 16, 18, 15],
    y=y,
    name='小型企业',
    marker_color='#FF851B'
))

fig.update_layout(
    xaxis=dict(title='2020 年上半年和下半年不同类型客户满意度', zeroline=False),
    boxmode='group'
)

fig.update_traces(orientation='h')
py.plot(fig)
```

在 JupyterLab 中运行上述代码，生成如图 6-12 所示的箱型图。

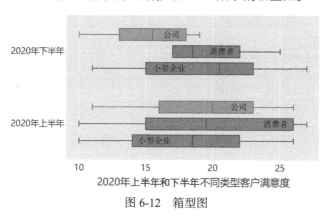

图 6-12　箱型图

6.5　绘制其他类型图表及案例

除了以上 4 种类型的图表，还有一些其他类型的基本图表，它们在日常可视化分析过程中也会经常用到，主要包括树状图、K 线图等。

在 Excel 中，可以绘制各类的其他类型图表。例如，绘制 2020 年 6 月企业股票价格走势的 K 线图，如图 6-13 所示。

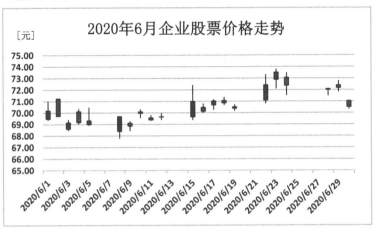

图 6-13　2020 年 6 月股票价格走势的 K 线图

6.5.1　绘制树状图

树状图可以在嵌套的矩形中显示数据，其中使用分类变量定义树状图的结构，使用数值变量定义各个矩形的大小或颜色。

例如，为了研究 2020 年上半年企业在全国 6 个大区的商品销售情况，使用 Matplotlib 库绘制了区域销售额的树状图，代码如下：

```
#导入相关库
import pandas as pd
import matplotlib as mpl
import matplotlib.pyplot as plt
mpl.rcParams['font.sans-serif']=['SimHei']          #显示中文
plt.rcParams['axes.unicode_minus']=False            #正常显示负号
import squarify
import pymysql

#连接 MySQL 数据库
conn = pymysql.connect(host='127.0.0.1',port=3306,user='root',password=
```

```
'root',db='sales',charset='utf8')
#读取订单表数据
sql = "SELECT region,ROUND(SUM(sales)/10000,2) as sales FROM orders where
dt=2020 GROUP BY region order by sales desc"
df = pd.read_sql(sql,conn)

plt.figure(figsize=(11,7))                    #设置图形大小
colors = ['Coral','Gold','LawnGreen','LightSkyBlue','LightSteelBlue',
'CornflowerBlue']                             #设置颜色数据
plot=squarify.plot(
    sizes=df['sales'],                        #指定绘图数据
    label=df['region'],                       #标签
    color=colors,                             #指定自定义颜色
    alpha=0.9,                                #指定透明度
    value=df['sales'],                        #添加数值标签
    edgecolor='white',                        #设置边界框颜色为白色
    linewidth=8                               #设置边框宽度
)

plt.rc('font',size=16)                        #设置标签大小
plot.set_title('2020 年上半年各地区商品销售额统计',fontdict={'fontsize':20})
#设置标题及字号
plt.axis('off')                               #去除坐标轴
plt.tick_params(top='off',right='off')        #去除上边框和右边框刻度
plt.show()
```

在 JupyterLab 中运行上述代码,生成如图 6-14 所示的树状图。可以看出:在 2020
年上半年,企业在 6 个大区的商品销售额从大到小依次为,中南地区 64.33 万元、华
东地区 55.34 万元、东北地区 51.24 万元、华北地区 45.21 万元、西南地区 20.85 万元、
西北地区 8.03 万元。

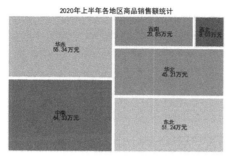

图 6-14　树状图

6.5.2　绘制 K 线图

K 线图又被称为蜡烛图，包含 4 个指标数据，即开盘价、最高价、最低价、收盘价。所有的 K 线都是围绕这 4 个指标展开的，反映股票的价格信息。如果把每日的 K 线图放在一张纸上，就能得到日 K 线图，同样也可以画出周 K 线图、月 K 线图。

K 线图起源于日本的米市交易，用来计算米价每天的涨跌，后来人们把它引入股票市场价格走势的分析中。目前其已成为股票市场技术分析中的重要方法，通常用来显示和分析证券、衍生工具、外汇货币、股票、债券等金融相关商品随着时间的价格变动。

例如，为了分析企业的股票价格走势，可以绘制股票价格的 K 线图。这里使用存储在 MySQL 数据库股票表（stocks）中的数据，绘制 2020 年 6 月企业股票价格走势的 K 线图，其中横轴是日期，纵轴是股票价格，代码如下：

```
#声明 Notebook 类型，必须在引入 pyecharts.charts 等模块之前声明
from pyecharts.globals import CurrentConfig, NotebookType
CurrentConfig.NOTEBOOK_TYPE = NotebookType.JUPYTER_LAB

from pyecharts import options as opts
from pyecharts.charts import Kline, Page
import pymysql

#连接 MySQL 数据库
v1 = []
v2 = []
conn = pymysql.connect(host='127.0.0.1',port=3306,user='root',password=
'root',db='sales',charset='utf8')
cursor = conn.cursor()

#读取 MySQL 数据库
sql_num = "SELECT trade_date,open,high,low,close FROM stocks where year
(trade_date)=2020 and month(trade_date)=6 ORDER BY trade_date asc"
cursor.execute(sql_num)
sh = cursor.fetchall()
for s in sh:
    v1.append([s[0]])
for s in sh:
    v2.append([s[1],s[2],s[3],s[4]])
data = v2
```

```
#绘制 K 线图
def kline_markline() -> Kline:
    c = (
        Kline()
        .add_xaxis(v1)
        .add_yaxis(
            "企业股票收盘价",
            data,
            markline_opts=opts.MarkLineOpts(
                data=[opts.MarkLineItem(type_="max", value_dim="close")]
            ),
        )
        .set_global_opts(
            xaxis_opts=opts.AxisOpts(is_scale=True,axislabel_opts=opts.
LabelOpts(font_size = 16)),
            yaxis_opts=opts.AxisOpts(
                is_scale=True,
                axislabel_opts=opts.LabelOpts(font_size = 16),
                splitarea_opts=opts.SplitAreaOpts(
                    is_show=True, areastyle_opts=opts.AreaStyleOpts(opacity=1)
                ),
            ),
            datazoom_opts=[opts.DataZoomOpts(pos_bottom="-2%")],
            title_opts=opts.TitleOpts(title="2020 年 6 月企业股票价格走势",
title_textstyle_opts=opts.TextStyleOpts(font_size=20)),
            toolbox_opts=opts.ToolboxOpts(),
            legend_opts=opts.LegendOpts(is_show=True,item_width=40,item_
height=20,textstyle_opts=opts.TextStyleOpts(font_size=16)))
        .set_series_opts(label_opts=opts.LabelOpts(font_size = 16))
    )
    return c


#第一次渲染时调用 load_javascript 文件
kline_markline().load_javascript()
#展示数据可视化图表
kline_markline().render_notebook()
```

在 JupyterLab 中运行上述代码，生成如图 6-15 所示的 K 线图。

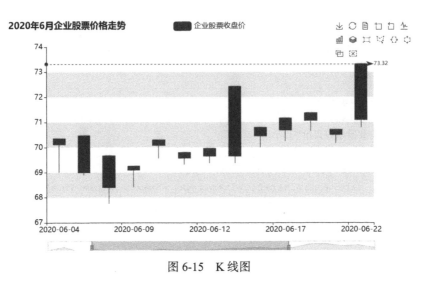

图 6-15　K 线图

6.6　上机实践题

练习 1：使用订单"orders"表，利用 Python 绘制 2020 年上半年企业每周销售额和利润额分析的折线图，如图 6-16 所示。

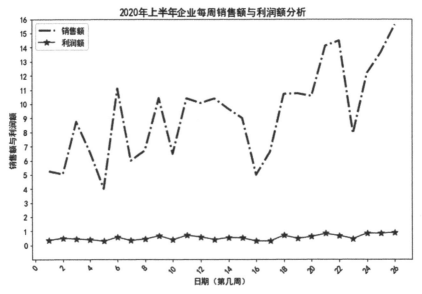

图 6-16　2020 年上半年企业每周销售额和利润额分析的折线图

练习 2：使用股票"stocks"表，利用 Python 绘制 2020 年企业股票的交易时间与成交金额分析的散点图，如图 6-17 所示。

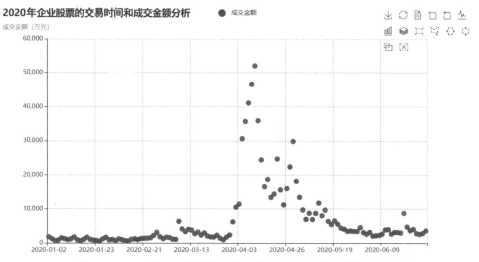

图 6-17　2020 年企业股票的交易时间与成交金额分析的散点图

第 3 篇　Word 文本自动化处理篇

第 7 章

文本自动化处理

目前，借助计算机协助处理 Word 等文本类型的数据，是企业提升信息自动化处理能力，提升员工工作效率，优化企业运营管理的重要手段。

本章将从文本自动化处理的应用场景和环境搭建开始讲解，然后通过实际案例介绍如何使用 Python-docx 库自动创建一个简单的企业运营周报，从而为后续章节的学习奠定基础。

7.1 应用场景及环境搭建

7.1.1 文本自动化应用场景

1．快速提取文本数据

在工作中，有时我们需要快速提取文本数据。例如，项目中收集了很多 Word 格式的调查问卷表，领导需要提取表单里的客户姓名、地址、联系方式等信息，如果不借助其他软件，则我们只能机械地进行复制和粘贴，其实可以把所有调查问卷表放在一个文件夹里，然后借助 Python 等软件实现批量的信息提取。当遇到这种重复而无意义的工作时，就需要使用文本自动化处理技术。

2．重复性处理多个文本

在工作过程中，我们可能需要对大量的 Word 文件进行批处理。例如，教师在批阅学生提交的电子版作业时，需要填写日期等信息，如表 7-1 所示。假设一个年级有 50 个学生，那么 50 份作业就需要填写 50 次日期，如果 1 份作业按 1 分钟的填写速度计算，则需要 50 分钟才可以完成，这个工作虽然简单重复，但又是必不可少的，那么是否可以将这个工作交给计算机去完成呢？答案是肯定的。

表 7-1　课程作业统计表

2019 年—2020 年第二学期《统计分析》课程作业					
作业编号：19					
学号	201806180366	姓名	张磊	班级	统计 3 班
日期				成绩	96

7.1.2 文本自动化环境搭建

1．安装 Microsoft Office

文本自动化处理需要安装 Python-docx 库。由于 Python-docx 库不支持 Word 2003 及其以下版本，因此我们需要安装 Microsoft Office 2007 及其以上的版本。具体安装过程比较简单，这里就不再详细介绍。

本书使用的是 Microsoft Office 2016 的家庭版和学生版，我们可以在 Word "文件"→ "账户[①]" → "产品信息"选项中，查看 Office 的版本信息，如图 7-1 所示。

---

① 软件图中"帐户"的正确写法应为"账户"。

图 7-1　查看 Office 的版本信息

2．安装 Python-docx 库

Python-docx 库可以用来创建.docx 格式的文档，包含段落、分页符、表格、图片、标题、样式等，几乎包含 Word 中常用的重要功能。它主要用来创建文档，文档的修改功能不是很强。

Python-docx 库依赖于 lxml 库，且 lxml 库需要高于 2.3.2 版本。安装过程比较简单，可以使用 pip 和 easy_install 进行安装，而且都会自动安装依赖库。这里使用 pip 工具进行安装。首先打开命令提示符窗口，然后输入"pip install python-docx"命令，按"Enter"键。当窗口中出现"Successfully installed python-docx-0.8.10"时表示安装成功，如图 7-2 所示。

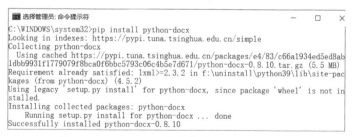

图 7-2　Python-docx 库安装成功时的信息显示

7.2　Python-docx 库案例演示

为了使读者更好地理解文本自动化处理，以及使用 Python-docx 库进行文本处理，下面通过创建一个简单的企业运营周报的案例，演示其生成的过程，效果如图 7-3 所示。

需要说明的是，在这一过程中，我们没有在 Word 文档中进行任何操作，只是打开了程序最后生成的文档。

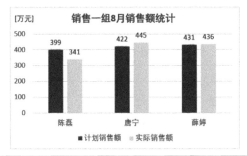

图 7-3　企业运营周报案例

7.2.1　document()函数：打开文档

在演示之前，我们需要准备一个 Word 空白文档，最简单的方法是自动创建空白文档，代码如下：

```
from docx import Document
document = Document()
```

程序运行后，将默认创建一个空白文档，这与 Word 中新建的空白文档几乎是一样的。

注意：目前在工作路径下是看不到该文件的，我们需要再执行如下所示的代码才可以看到该文件，后续章节介绍的内容，也需要执行该文件保存程序，否则看不到效果。

```
document.save('销售部 8 月销售考核.docx')
```

此外，我们也可以使用 **Python-docx** 库打开现有的 Word 文档。例如，打开现有的

"销售部 8 月销售考核.docx" 文档，代码如下：

```
from docx import Document
document = Document('销售部 8 月销售考核.docx')
```

7.2.2　add_heading()函数：添加标题

在 Word 文档中，正文中的内容一般分为多个部分，每个部分均以标题开头，添加标题的一般方法如下。在引号中添加标题文本：

```
document.add_heading('')
```

在默认情况下，程序会添加一个顶级标题。在 Word 中可以通过选择"开始"→"样式"→"标题 1"选项来完成。当我们想要为每个小节添加标题时，只需将级别指定为 1～9 的整数即可。

如果将级别指定为 0，则会添加"标题"段落，这样可以比较方便地创建一个相对简短的文档，代码如下：

```
document.add_heading('企业运营周报', 0)
document.add_heading('一、销售一组业绩分析')
document.add_heading('1.销售额统计', level=2)
```

运行上述代码，并运行文档保存程序，在 Word 文档中添加标题的效果如图 7-4 所示。

图 7-4　在 Word 文档中添加标题的效果

7.2.3　add_paragraph()函数：添加段落

段落是 Word 文档的基础，可以用于文档的正文，也可以用于标题和项目符号。通过直接添加和插入添加两种方法可以实现添加新的段落。

其中，最简单的添加段落的方法是直接添加，即在文档末尾添加新的段落，代码如下：

```
Paragraph1 = document.add_paragraph('8 月销售部 6 个小组的销售业绩分析，其中销售一组的销售业绩优秀，销售额达到 1222 万元，基本完成 1252 万元的销售额目标。')
```

也可以将一个段落用作"游标"，并在其上方直接插入一个新的段落，这样可以将段落插入文档的中间位置，这在修改现有文档时比较常用，代码如下：

```
Paragraph1.insert_paragraph_before('2020 年 8 月销售业绩排名前 3 的小组：销售一组、
```

销售三组、销售六组。')

运行上述代码，并运行文档保存程序，在 Word 文档中添加段落的效果如图 7-5 所示。

> 2020 年 8 月销售业绩排名前 3 的小组：销售一组、销售三组、销售六组。
>
> 8 月销售部 6 个小组的销售业绩分析，其中销售一组的销售业绩优秀，销售额达到 1222 万元，基本完成 1252 万元的销售额目标。

图 7-5　添加段落的效果

7.2.4　add_picture()函数：添加图片

我们可以通过在 Word 文档中单击"插入"→"插图"→"图片"按钮来添加图片。在 Python-docx 库中，可以通过使用 add_picture()函数传入图片路径或文件实例来添加图片。下面通过传入图片路径的方法添加图片，引号中的内容是指添加图片的路径，代码如下：

```
document.add_picture('')
```

在默认情况下，添加的图片是以原始大小显示的，这比我们想要的图片的尺寸要大。图片的原始大小通常是以像素计算的，但是大多数图片不包含像素属性，默认分辨率为 72dpi。

我们可以使用特定单位（英寸或厘米）来指定图片的宽度或高度，代码如下：

```
from docx.shared import Inches
document.add_picture('销售一组 8 月销售额统计.png', width=Inches(5.5))
```

Python-docx 库有英寸（Inches）类和厘米（Cm）类，可以从 docx.shared 中导入。Python-docx 库默认使用英制公制单位（EMU）存储长度值，EMU 是一个整数单位长度，1 英寸=914400EMU。所以，如果将 width 设置为 2 英寸，则会得到一个尺寸非常小的图片，这里将 width 设置为 5.5 英寸。

运行上述代码，并运行文档保存程序，在 Word 文档中添加图片的效果如图 7-6 所示。

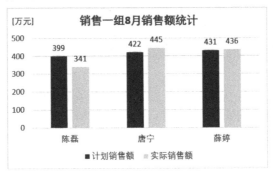

图 7-6　在 Word 文档中添加图片的效果

7.2.5　add_table()函数：添加表格

在 Word 中也可以添加表格。例如，在文档中添加 1 行 3 列的表格，代码如下：

```
table = document.add_table(rows=1, cols=3)
```

表格类具有一些属性和方法，可以通过行索引和列索引来访问单元格。需要注意的是，行索引和列索引都是从 0 开始的。例如，访问第 1 行第 2 列的单元格，代码如下：

```
cell = table.cell(0, 1)
```

然后修改第 1 行第 2 列的单元格中的文本，代码如下：

```
cell.text = '计划销售额'
```

也可以先通过表格的 rows 属性访问某一行，再通过行的 cells 属性访问单元格，列属性 columns 的功能与行属性 rows 的功能类似，代码如下：

```
row = table.rows[1]
row.cells[0].text = '姓名'
row.cells[1].text = '计划销售额'
```

表格的行和列是可以迭代的，在 for 循环中能够直接使用，这样可以灵活制作可变长度的表格。例如，向表格中插入 3 名销售人员的计划销售额和实际销售额数据，代码如下：

```
records = (
    ('陈磊', 399, 341),
    ('唐宁', 422, 445),
    ('薛婷', 431, 436)
)

table = document.add_table(rows=1, cols=3)
hdr_cells = table.rows[0].cells
hdr_cells[0].text = '姓名'
hdr_cells[1].text = '计划销售额（万元）'
hdr_cells[2].text = '实际销售额（万元）'
for name, sales_planned, sales_actual in records:
    row_cells = table.add_row().cells
    row_cells[0].text = name
    row_cells[1].text = str(sales_planned)
    row_cells[2].text = str(sales_actual)
```

运行上述代码，并运行文档保存程序，在 Word 文档中添加表格的效果如图 7-7 所示。

姓名	计划销售额(万元)	实际销售额(万元)
陈磊	399	341
唐宁	422	445
薛婷	431	436

图 7-7　在 Word 文档中添加表格的效果

上面的表格不是很美观，需要调整一下表格样式。目前 Python-docx 库还不支持 Word 中所有的表格样式，但是可以获取表格样式，代码如下：

```
styles = document.styles.element.xpath('.//w:style[@w:type="table"]/
@w:styleId')
```

在 Word 文档中设置表格样式，代码如下：

```
table.style = 'Table Grid'
```

运行上述代码，并运行文档保存程序，在 Word 中设置表格样式的效果如图 7-8 所示。

姓名	计划销售额(万元)	实际销售额(万元)
陈磊	399	341
唐宁	422	445
薛婷	431	436

图 7-8　设置表格样式的效果

可以通过 Word 中表格的样式查看样式名称，选择"设计"→"表格样式"选项组中的缩略图选项，就可以看到对应样式的中文名称，如图 7-9 所示。

图 7-9　Word 中的表格样式

7.2.6　add_paragraph()函数：设置段落样式

段落样式是 Word 文档中很重要的一部分，如果没有为段落设置特定的样式，则自动使用默认段落样式。与表格样式类似，段落样式也需要调整，Python-docx 库可以获取所支持的段落样式，代码如下：

```
styles = document.styles.element.xpath('.//w:style[@w:type="paragraph"]/
@w:styleId')
```

Python-docx 库的段落样式可以在创建段落时直接应用段落样式，这种特殊样式将段落显示为项目符号，使用非常方便，代码如下：

```
document.add_paragraph('由业绩数据可以看出：8 月唐宁超额完成业绩，薛婷刚好完成业绩，
陈磊没有完成业绩。', style='Normal')
```

也可以在创建段落后，对段落应用段落样式，下面两行代码的运行效果与上面代码的运行效果相同。

```
paragraph = document.add_paragraph('由业绩数据可以看出：8 月唐宁超额完成业绩，薛
婷刚好完成业绩，陈磊没有完成业绩。')
paragraph.style = 'Normal'
```

运行上述代码，并运行文档保存程序，在 Word 文档中设置段落样式的效果如图 7-10 所示。

由业绩数据可以看出：8 月唐宁超额完成业绩，薛婷刚好完成业绩，陈磊没有完成业绩。

图 7-10　在 Word 文档中设置段落样式的效果

上面使用了“Normal”样式类型，通常，代码中的样式名称与在 Word 中显示的英文名称相同。

7.2.7　add_run()函数：设置字符样式

除了可以为段落指定段落级别的样式，还可以在 Word 中设置字符样式。通常，我们可以将字符样式视为指定的一种字形，如字体、大小、颜色、粗体、斜体等。

与表格样式类似，字符样式也需要调整。使用 Python-docx 库可以获取所支持的字符样式，代码如下：

```
styles = document.styles.element.xpath('.//w:style[@w:type="character"]/
@w:styleId')
```

与段落样式类似，字符的字体必须通过 document()函数调用被定义的类型，以添加指定的字符样式，代码如下：

```
paragraph = document.add_paragraph('销售部销售一组 8 月绩效薪资：')
paragraph.add_run('唐宁 5000 元，薛婷 3000 元，陈磊 0 元。', 'Subtitle Char')
```

也可以在创建并运行后指定字符样式，下面代码的运行效果与上面代码的运行效果相同。

```
paragraph = document.add_paragraph('销售部销售一组 8 月绩效薪资：')
run = paragraph.add_run('唐宁 5000 元，薛婷 3000 元，陈磊 0 元。')
run.style = 'Strong'
```

运行上述代码，并运行文档保存程序，在 Word 文档中设置字符样式的效果如图 7-11 所示。

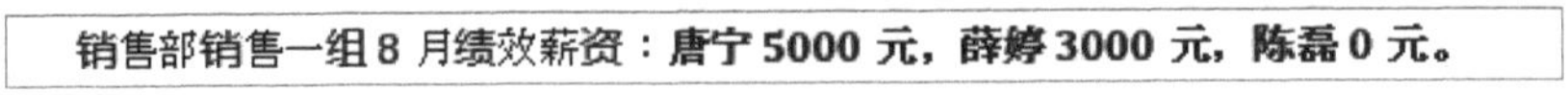

销售部销售一组8月绩效薪资：唐宁5000元，薛婷3000元，陈磊0元。

图 7-11　在 word 文档中设置字符样式的效果

与段落样式一样，代码中的样式名称与在 Word 文档中显示的英文名称相同。

7.2.8　add_page_break()函数：添加分页符

有时，我们希望文本在单独的页面上显示，分页符可以做到这一点，代码如下：

```
document.add_page_break()
```

使用这个方法可以对 Word 进行灵活的排版，同时可以中断段落属性和样式的继承。

运行上述代码，并运行文档保存程序后我们一般看不到分页符，这是由于 Word 默认隐藏了分页符。当需要显示 Word 中隐藏的编辑标记时，可以按"Ctrl+Shift+8"组合键。在 Word 文档中添加分页符的效果如图 7-12 所示。

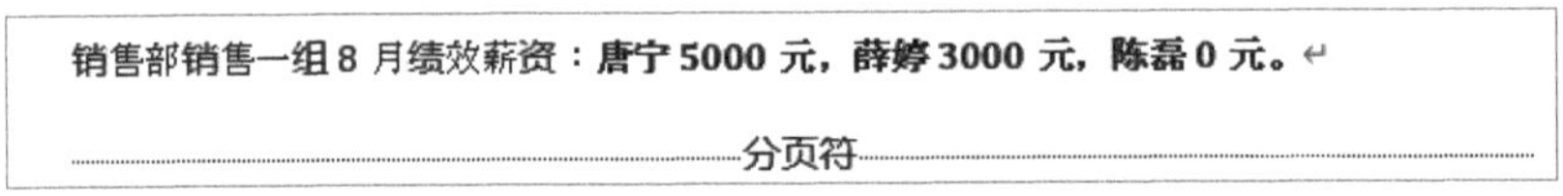

销售部销售一组8月绩效薪资：唐宁5000元，薛婷3000元，陈磊0元。↵

--------------------分页符--------------------

图 7-12　在 Word 文档中添加分页符的效果

7.3　案例演示完整代码

为了更好地帮助读者理解文本自动化处理的过程，我们把上述的代码进行了汇总，以便读者在工作中参考使用，完整的代码如下：

```
from docx.shared import Inches
from docx.enum.text import WD_PARAGRAPH_ALIGNMENT
from docx import Document
document = Document()

document.add_heading('企业运营周报', 0)
document.add_heading('一、销售一组业绩分析')
document.add_heading('1.销售额统计', level=2)

paragraph1 = document.add_paragraph('8月销售部6个小组的销售业绩分析，其中销售
一组的销售业绩优秀，销售额达到1222万元，基本完成1252万元的销售额目标。')
paragraph1.insert_paragraph_before('2020年8月销售业绩排名前3的小组：销售一组、
销售三组、销售六组。')
```

```
paragraph2 = document.add_paragraph()
paragraph2.alignment = WD_PARAGRAPH_ALIGNMENT.CENTER
run = paragraph2.add_run("")
run.add_picture('销售一组 8 月销售额统计.png', width=Inches(5.5))

records = (
    ('陈磊', 399, 341),
    ('唐宁', 422, 445),
    ('薛婷', 431, 436)
)

table = document.add_table(rows=1, cols=3)
hdr_cells = table.rows[0].cells
hdr_cells[0].text = '姓名'
hdr_cells[1].text = '计划销售额（万元）'
hdr_cells[2].text = '实际销售额（万元）'
for name, sales_planned, sales_actual in records:
    row_cells = table.add_row().cells
    row_cells[0].text = name
    row_cells[1].text = str(sales_planned)
    row_cells[2].text = str(sales_actual)

styles = document.styles.element.xpath('.//w:style[@w:type="table"]/
@w:styleId')
table.style = 'Table Grid'

paragraph3 = document.add_paragraph()
paragraph3.add_run("")

styles = document.styles.element.xpath('.//w:style[@w:type="paragraph"]/
@w:styleId')
document.add_paragraph('由业绩数据可以看出：8 月唐宁超额完成业绩，薛婷刚好完成业绩，
陈磊没有完成业绩。', style='Normal')

styles = document.styles.element.xpath('.//w:style[@w:type="character"]/
@w:styleId')
paragraph4 = document.add_paragraph('销售部销售一组 8 月绩效薪资：')
paragraph4.add_run('唐宁 5000 元，薛婷 3000 元，陈磊 0 元。', 'Strong')

document.add_page_break()
```

```
document.save('销售部 8 月销售考核.docx')
```

    运行上述案例程序，在目录下就会生成"销售部 8 月销售考核.docx"文档，打开该文档后的效果如图 7-3 所示。

7.4　上机实践题

    练习：使用 Python-docx 库制作个人月度消费情况的表格，包括衣、食、住、行等方面的消费支出。

第 8 章

利用 Python 进行文本自动化处理

Word 是日常工作中使用比较频繁的文档处理软件，如何快速、高效地处理文档是我们在办公过程中经常遇到的难题。尤其是当需要处理重复的多个文档时，机械性地处理文档虽然可以完成任务，但是所花费的时间成本和人力成本是企业所不能接受的。

本章将详细介绍如何使用 Python-docx 库自动化处理文档的页眉、样式、文本和节等内容。

8.1　自动化处理页眉

页眉是出现在 Word 文档顶部区域的文本，与正文分开，通常传达上下文信息，如文档标题、作者、创建日期或页码等。

8.1.1　访问页眉

通常，页眉和页脚中会链接一个节，所谓的"节"，就是 Word 用来划分文档的一种方式。之所以引入"节"，是因为我们在编辑文档时，不是所有的页面都采用了相同的外观。Word 允许文档的每个节具有不同的页眉和页脚。

Word 文档中的每个节都具有一个 header 属性，用于访问该节的 Header 对象，代码如下：

```
from docx import Document

document = Document()
section = document.sections[0]
header = section.header
header
```

代码输出结果如下所示。

```
<docx.section._Header at 0x1f4d246da60>
```

Header 对象始终在 header 属性中。header.is_linked_to_previous 表示是否存在实际的页眉，代码如下：

```
header.is_linked_to_previous
```

代码输出结果如下所示。

```
True
```

当输出结果为 True 时，表示 Header 对象不包含页眉，并且该节将显示与上一节相同的页眉。这种"继承"行为是递归的，因此页眉实际上是从具有页眉定义的第一个节中继承的。

新文档没有页眉，在这种情况下 header.is_linked_to_previous 的值为 True。这是因为没有先前的页眉可继承，因此在这种"没有上一个页眉"的情况下，文档不会显示任何页眉。

8.1.2　添加页眉定义

通过将 header.is_linked_to_previous 的值设置为 False，可以为缺少页眉的节提供页眉，代码如下：

```
header.is_linked_to_previous = False
```

新添加的页眉中包含一个空的段落。需要注意的是，以这种方式关闭页眉时会很有用，因为它可以有效地"关闭"该节及随后一节的页眉，直到下一个具有已定义页眉的节。

对于具有已定义的页眉，将其 header.is_linked_to_previous 属性设置为 False 后不会执行任何操作。

节眉会自动定位继承内容，如果存在任何"继承"关系，则在编辑页眉的内容时也会编辑源页眉的内容。例如，如果第 2 节页眉是从第 1 节继承的，则在编辑第 2 节页眉时，实际上是在更改第 1 节页眉的内容。

8.1.3　添加简单页眉

只需编辑 Header 对象的内容，即可将页眉添加到新文档中。Header 对象是一个容器，编辑其内容就像编辑 Document 对象的内容一样。需要注意的是，在新页眉中已经包含一个空段落。代码如下：

```
paragraph = header.paragraphs[0]
paragraph.text = "Python 自动化处理"
```

添加内容后就添加了页眉定义，并更改了 header.is_linked_to_previous 属性的状态，这时输出结果为 **False**。代码如下：

```
header.is_linked_to_previous
```

代码输出结果如下所示。

```
False
```

8.1.4　添加"分区"页眉

具有多个"区域"的页眉通常是使用制表位来实现的。制表位是 Word 文档中页眉和页脚样式的一部分。

在 Word 文档中插入制表符（"\t"）用于分隔左对齐、居中对齐和右对齐的页眉，代码如下：

```
paragraph = header.paragraphs[0]
paragraph.text = "左对齐文本\t 居中对齐文本\t 右对齐文本"
paragraph.style = document.styles["Header"]
```

Header 样式会自动被应用到新的页眉中，因此在这种情况下，不需要添加上面的第 3 行代码。

8.1.5 移除页眉

可以通过将 header.is_linked_to_previous 属性设置为 True 来删除不需要的页眉。

```
header.is_linked_to_previous = True
```

分配完成后，页眉就会被删除，而且操作是不可撤销的。

8.2 自动化处理样式

8.2.1 样式对象简介

在 Word 中，样式是一种集合了多种基本格式的复合格式。将所有需要设置的格式都添加到样式之后，就可以使用样式来设置内容的格式。在设置时会将样式中包含的所有格式一次性设置到内容中，避免了每次都要重复设置每一种基础格式的麻烦。由于样式支持在不同文档之间进行复制的操作，因此使用样式可以很容易实现对不同文档中的内容设置相同的格式。使用样式除了具有简化操作、提高效率的优点，还具有批量编辑、易于排错两个显著的优点。

文档样式的编辑都是在"样式"窗格中进行设置的。单击"开始"→"样式"选项组右下角的对话框启动器 ，打开"样式"窗格，如图 8-1 所示。该窗格中显示了一些常用样式。为了将样式中具有的格式特性显示到样式名上，可以勾选"样式"窗格中的"显示预览"复选框，以便用户从名称就可以快速了解样式中的格式。

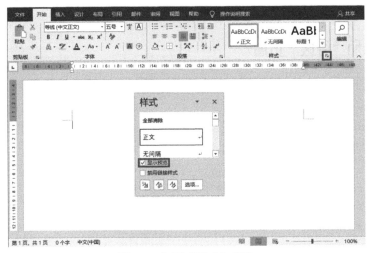

图 8-1 打开"样式"窗格

8.2.2　访问样式

可以使用 document.styles 属性访问样式，代码如下：

```
document = Document()
styles = document.styles
styles
```

代码输出结果如下所示。

```
<docx.styles.styles.Styles at 0x1f4d5434eb0>
```

Styles 对象提供了可以按名称对定义的样式进行访问，代码如下：

```
styles['Normal']
```

代码输出结果如下所示。

```
_ParagraphStyle('Normal') id: 2151028410928
```

Styles 对象也可以进行迭代。例如，生成已定义段落样式的列表，下面的程序将会输出 36 种段落样式的名称，代码如下：

```
from docx.enum.style import WD_STYLE_TYPE
styles = document.styles
paragraph_styles = [
    s for s in styles if s.type == WD_STYLE_TYPE.PARAGRAPH]
for style in paragraph_styles:
    print(style.name)
```

代码输出结果如下所示。

```
Normal
Header
Footer
Heading 1
Heading 2
…
```

8.2.3　应用样式

Paragraph 对象、Run 对象和 Table 对象都有一个 style 属性，可以通过 .style 查看该样式的编号 id，代码如下：

```
document = Document()
paragraph = document.add_paragraph()
paragraph.style
```

代码输出结果如下所示。

```
_ParagraphStyle('Normal') id: 1666583124768
```

可以通过 **.style.name** 查看该样式的名称，代码如下：

```
paragraph.style.name
```

代码输出结果如下所示。

```
'Normal'
```

可以将样式对象分配给 **style** 属性，再应用该样式，代码如下：

```
paragraph.style = document.styles['Heading 6']
paragraph.style.name
```

代码输出结果如下所示。

```
'Heading 6'
```

样式名称也可以直接被分配，代码如下：

```
paragraph.style = 'List Continue'
paragraph.style
```

代码输出结果如下所示。

```
_ParagraphStyle('List Continue') id: 1666583073456
```

然后查看该样式的名称，代码如下：

```
paragraph.style.name
```

代码输出结果如下所示。

```
'List Continue'
```

可以在创建段落时，使用样式对象来应用样式，代码如下：

```
paragraph = document.add_paragraph(style='List Continue')
paragraph.style.name
```

代码输出结果如下所示。

```
'List Continue'
```

也可以使用样式名称来应用样式，代码如下：

```
body_text_style = document.styles['List Continue']
paragraph = document.add_paragraph(style=body_text_style)
paragraph.style.name
```

代码输出结果如下所示。

```
'List Continue'
```

8.2.4　添加或删除样式

通过指定唯一名称和样式类型，可以将新样式添加到文档中，代码如下：

```
from docx.enum.style import WD_STYLE_TYPE
styles = document.styles
style = styles.add_style('Citation', WD_STYLE_TYPE.PARAGRAPH)
style.name
```

代码输出结果如下所示。

```
'Citation'
```

可以使用 base_style 属性指定新样式应该继承的格式，代码如下：

```
style.base_style = styles['Normal']
style.base_style
```

代码输出结果如下所示。

```
_ParagraphStyle('Normal') id: 1666583080048
```

使用 len()函数统计文档已有样式的长度，代码如下：

```
styles = document.styles
len(styles)
```

代码输出结果如下所示。

```
165
```

先使用 delete()函数将样式从文档中删除，再统计删除指定文档样式后的长度，代码如下：

```
styles['Citation'].delete()
len(styles)
```

代码输出结果如下所示。

```
164
```

注意： 使用 delete()函数从文档中删除样式后，不会影响应用该样式的文档。

8.2.5　定义字符格式

字符、段落和表格样式都可以指定要应用该样式内容的字符格式，包括字号、粗体、斜体和下画线等。这 3 种样式类型都有一个 font 属性，其提供了对 Font 对象的访问，用于获取和设置该样式字符格式的属性。

可以对样式的字体进行访问，代码如下：

```
from docx import Document
```

```
document = Document()
style = document.styles['Normal']
font = style.font
```

也可以设置样式的字体和字号，代码如下：

```
from docx.shared import Pt
font.name = 'Calibri'
font.size = Pt(12)
```

字体属性具有 3 个选项，即 True、False 和 None。其中，True 表示属性为 on，False 表示属性为 off，None 表示"继承"。

8.2.6　定义段落格式

段落样式允许指定段落格式，通过 paragraph_format 属性可以访问 Paragraph_Format 对象。段落格式包括布局，如对齐和缩进等。下面介绍创建具有 0.25 英寸的悬挂缩进、上方 12 磅间距的段落样式，代码如下：

```
from docx.enum.style import WD_STYLE_TYPE
from docx.shared import Inches, Pt
document = Document()
style = document.styles.add_style('Indent', WD_STYLE_TYPE.PARAGRAPH)
paragraph_format = style.paragraph_format
paragraph_format.left_indent = Inches(0.25)
paragraph_format.first_line_indent = Inches(-0.25)
paragraph_format.space_before = Pt(12)
```

8.2.7　使用段落特定的样式属性

段落样式具有 next_paragraph_style 属性，该属性指定插入的新段落样式。当样式仅在序列（标题）中出现一次时，在这种情况下，可以将段落样式自动设置为返回正文样式。

在通常情况下，后续段落应采用与当前段落相同的样式。如果未指定下一个段落样式，则默认可以应用与当前段落相同的样式。

将 Heading 1 样式的下一个段落更改为正文样式，代码如下：

```
from docx import Document
document = Document()
styles = document.styles
styles['Heading 1'].next_paragraph_style = styles['Body Text']
heading_1_style = styles['Heading 1']
```

```
heading_1_style.next_paragraph_style.name
```

代码输出结果如下所示。

```
'Body Text'
```

可以通过分配样式名称来恢复默认的正文样式，代码如下：

```
heading_1_style.next_paragraph_style = heading_1_style
heading_1_style.next_paragraph_style.name
```

代码输出结果如下所示。

```
'Heading 1'
```

也可以通过分配 None 来恢复默认的正文样式，代码如下：

```
heading_1_style.next_paragraph_style = None
heading_1_style.next_paragraph_style.name
```

代码输出结果如下所示。

```
'Heading 1'
```

8.2.8　控制样式的显示方式

样式的属性分为两类：行为属性和格式属性。行为属性控制样式在文档中显示的时间和位置。格式属性决定了要应用样式的内容格式，如字号及段落缩进等。

样式有 5 个行为属性：hidden、unhide_when_used、priority、quick_style、locked。其中，priority 属性采用整数值表示，其他 4 个属性都有 True（打开）、False（关闭）和 None（继承）3 个选项。

例如，在样式库中显示 "Body Text" 样式，代码如下：

```
from docx import Document
document = Document()
style = document.styles['Body Text']
style.hidden = False
style.quick_style = True
```

例如，从样式库中删除 "Normal" 样式，代码如下：

```
style = document.styles['Normal']
style.hidden = False
style.quick_style = False
```

8.2.9　处理潜在样式

可以使用样式对象访问文档中的潜在样式，代码如下：

```
document = Document()
latent_quote = latent_styles['Quote']
latent_quote
```

代码输出结果如下所示。

```
<docx.styles.latent.LatentStyle object at 0x10a7c4f50>
```

查看文档中是否有"List Bullet"样式，代码如下：

```
latent_style = latent_styles['List Bullet']
```

代码输出结果如下所示。

```
KeyError: no latent style with name 'List Bullet'
```

可以使用 LatentStyles 对象中的 add_latent_style()函数添加新的潜在样式，代码如下：

```
latent_style = latent_styles.add_latent_style('List Bullet')
latent_style.hidden = False
latent_style.priority = 2
latent_style.quick_style = True
```

可以通过调用 delete()函数删除潜在样式，代码如下：

```
latent_styles['Light Grid'].delete()
latent_styles['Light Grid']
```

代码输出结果如下所示。

```
KeyError: no latent style with name 'Light Grid'
```

8.3 自动化处理文本

8.3.1 设置段落文本对齐

可以使用枚举类（WD_ALIGN_PARAGRAPH）中的值设置段落文本的对齐方式，代码如下：

```
from docx.enum.text import WD_ALIGN_PARAGRAPH
document = Document()
paragraph = document.add_paragraph()
paragraph_format = paragraph.paragraph_format
paragraph_format.alignment
```

代码输出结果如下所示。

```
None
```

例如，将段落文本设置为居中对齐，代码如下：

```
paragraph_format.alignment = WD_ALIGN_PARAGRAPH.CENTER
paragraph_format.alignment
```

代码输出结果如下所示。

```
1
```

8.3.2　设置段落缩进

缩进是段落与其容器边界之间的水平空隙，通常是指页边距。缩进单位有英寸（Inches）、磅（Pt）和厘米（Cm）。

查看段落文本左侧的缩进，代码如下：

```
from docx.shared import Inches
paragraph = document.add_paragraph()
paragraph_format = paragraph.paragraph_format
paragraph_format.left_indent
```

代码输出结果如下所示。

```
None
```

例如，将段落文本设置为左侧缩进 0.5 英寸，代码如下：

```
paragraph_format.left_indent = Inches(0.5)
paragraph_format.left_indent.inches
```

代码输出结果如下所示。

```
0.5
```

设置右侧缩进的方法与设置左侧缩进的方法相同，下面查看段落文本右侧缩进，代码如下：

```
from docx.shared import Pt
paragraph_format.right_indent
```

代码输出结果如下所示。

```
None
```

例如，将段落文本设置为右侧缩进 24 磅，代码如下：

```
paragraph_format.right_indent = Pt(24)
paragraph_format.right_indent.pt
```

代码输出结果如下所示。

```
24
```

此外，首行缩进使用 first_line_indent 属性进行设置，负值表示悬挂缩进，如-0.25

英寸，代码如下：

```
paragraph_format.first_line_indent = Inches(-0.25)
print(paragraph_format.first_line_indent.inches)
```

代码输出结果如下所示。

```
-0.25
```

8.3.3　设置制表位

制表位决定了段落文本中制表符的呈现方式。段落或样式的制表位在 Tab_Stops 对象中，该对象使用 Paragraph_Format 对象中的 tab_stops 属性进行访问，代码如下：

```
tab_stops = paragraph_format.tab_stops
print(tab_stops)
```

代码输出结果如下所示。

```
<docx.text.tabstops.TabStops object at 0x106b802d8>
```

使用 add_tab_stop()函数添加一个新的制表位，代码如下：

```
tab_stop = tab_stops.add_tab_stop(Inches(1.5))
print(tab_stop.position.inches)
```

代码输出结果如下所示。

```
1.5
```

8.3.4　设置段落间距

space_before 属性和 space_after 属性用于控制后续段落的间距：分别控制段落之前和段落之后的间距，通常使用磅（Pt）来指定段落间距的数值，代码如下：

```
print(paragraph_format.space_before, paragraph_format.space_after)
```

代码输出结果如下所示。

```
(None, None)
```

例如，控制段落之前的间距为 18 磅，代码如下：

```
paragraph_format.space_before = Pt(18)
print(paragraph_format.space_before.pt)
```

代码输出结果如下所示。

```
18.0
```

例如，控制段落之后的间距为 12 磅，代码如下：

```
paragraph_format.space_after = Pt(12)
print(paragraph_format.space_after.pt)
```

代码输出结果如下所示。

```
12.0
```

8.3.5　设置行间距

行间距由 line_spacing 属性和 line_spacing_rule 属性的相互作用控制。line_spacing 可以是绝对值、float 值或 None。line_spacing_rule 可以是 WD_LINE_SPACING 枚举的成员或 None。

通过 line_spacing 属性查看文本的行间距，代码如下：

```
from docx.shared import Length
paragraph_format.line_spacing
```

代码输出结果如下所示。

```
None
```

通过 line_spacing_rule 属性查看文本的行间距，代码如下：

```
paragraph_format.line_spacing_rule
```

代码输出结果如下所示。

```
None
```

通过 line_spacing 属性自定义设置文本的行间距，代码如下：

```
paragraph_format.line_spacing = Pt(18)
paragraph_format.line_spacing.pt
```

代码输出结果如下所示。

```
18.0
```

通过 line_spacing_rule 属性设置文本的行间距类型，代码如下：

```
paragraph_format.line_spacing_rule
```

代码输出结果如下所示。

```
EXACTLY (4)
```

8.3.6　设置分页属性

keep_together、keep_with_next、page_break_before 和 window_control 4 个段落属性控制着段落在页面边界上的显示。

- keep_together：将整个段落放置在同一个页面上。
- keep_with_next：将一个段落与后续段落放置在同一个页面上。
- page_break_before：将段落放置在新页面的顶部。

- window_control：中断页面以避免将段落的第一行或最后一行与段落的其余部分分开。

这 4 个属性都有 True、False 和 None 3 个选项。其中，None 选项表示属性值是从样式层次结构继承的，代码如下：

```
paragraph_format.keep_together
```

代码输出结果如下所示。

```
None
```

True 选项表示打开，代码如下：

```
paragraph_format.keep_with_next = True
paragraph_format.keep_with_next
```

代码输出结果如下所示。

```
True
```

False 选项表示关闭，代码如下：

```
paragraph_format.page_break_before = False
paragraph_format.page_break_before
```

代码输出结果如下所示。

```
False
```

8.3.7 设置字体和字号

Font 对象提供了用于获取和设置字符格式的属性，可以通过以下方法设置字体和字号。例如，将字体设置为"Calibri"，字号设置为"12"磅，代码如下：

```
from docx import Document
document = Document()
run = document.add_paragraph().add_run()
font = run.font

from docx.shared import Pt
font.name = 'Calibri'
font.size = Pt(12)
```

字体属性也有 True、False 和 None 3 个选项，与分页属性的功能类似。

8.3.8 设置字体颜色

每个字体的 Font 对象都有一个 ColorFormat 对象，该对象可以通过 color 属性访问其颜色，代码如下：

```
from docx.shared import RGBColor
font.color.rgb = RGBColor(0x42, 0x24, 0xE9)
```

可以通过分配 MSO_THEME_COLOR_INDEX（指示主题颜色，即格式功能区上的颜色库中显示的颜色，别名为 MSO_THEME_COLOR）枚举的成员来设置字体的颜色，代码如下：

```
from docx.enum.dml import MSO_THEME_COLOR
font.color.theme_color = MSO_THEME_COLOR.ACCENT_1
```

还可以通过设置 ColorFormat 对象的 rgb 属性或 theme_color 属性，将字体的颜色恢复为其默认值，代码如下：

```
font.color.rgb = None
```

8.4　自动化处理节

8.4.1　节对象简介

在某些文档中，可能会使用较宽的表格，在这种情况下对带有表格的页面进行"旋转"，可以让表格更好地显示。这时就需要利用"分节"技术来控制某个特定页面的版式属性。

在 Word 2016 中，插入分节符的方法：单击"布局"→"页面设置"→"分隔符"下拉按钮，然后在"分隔符"下拉列表中选择合适的分节符类型，如图 8-2 所示。

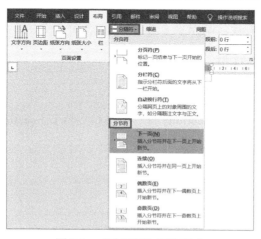

图 8-2　"分隔符"下拉列表

在 Word 中，有 4 种类型的分节符，分别是"下一页"、"连续"、"偶数页"和"奇数页"，下面介绍这 4 种分节符的作用。

1．下一页

在插入"下一页"分节符的地方，Word 会强制分页，新的"节"从下一页开始。如果要在不同页面上分别应用不同的页码样式、页眉和页脚文字，以及想改变页面的纸张方向、纵向对齐方式或纸型，则应该使用这种分节符。

2．连续

插入"连续"分节符后，文档不会被强制分页。如果"连续"分节符前后的页面设置不同，如纸型和纸张方向等，则即使选择使用"连续"分节符，Word 也会在分节符的位置强制文档分页。"连续"分节符的作用是帮助用户在同一个页面上创建不同的分栏样式或不同的页边距大小。尤其是当我们想要创建报纸样式的分栏时，就需要使用"连续"分节符。

3．偶数页

"偶数页"分节符的功能与"奇数页"分节符的功能类似，只不过后面的一节是从偶数页开始的。

4．奇数页

在插入"奇数页"分节符之后，新的一节会从其后的第一个奇数页开始（以页码编号为准）。在编辑长篇文稿（如书稿）时，人们一般习惯将新的章节题目排在奇数页，此时即可使用"奇数页"分节符。

注意：如果上一章节结束的位置是一个奇数页，则不必强制插入一个空白页。在插入"奇数页"分节符后，Word 会自动在相应位置留出空白页。

8.4.2　访问节和添加节

1．访问节

通过 Document 对象的 sections 属性可以对文档节（section）进行访问，代码如下：

```
document = Document()
sections = document.sections
sections
```

代码输出结果如下所示。

```
<docx.section.Sections at 0x1f4d346bbe0>
```

统计文档已有文档节的长度，代码如下：

```
len(sections)
```

代码输出结果如下所示。

```
1
```

查看文档中已有的文档节，代码如下：

```
for section in sections:
    print(section.start_type)
```

代码输出结果如下所示。

```
NEW_PAGE (2)
```

2．添加节

在添加节之前，先查看文档最后一个节，代码如下：

```
current_section = document.sections[-1]
current_section.start_type
```

代码输出结果如下所示。

```
2
```

document.add_section()函数允许在文档末尾添加新的节，调用此函数后添加的段落或表格将会出现在新的节中，代码如下：

```
from docx.enum.section import WD_SECTION
new_section = document.add_section(WD_SECTION.ODD_PAGE)
new_section.start_type
```

代码输出结果如下所示。

```
4
```

8.4.3 节的主要属性

Section 对象具有多个属性，这些属性允许查看和设置页面布局。

1．页面尺寸和方向

节中的 orientation、page_width、page_height 3 个属性用于描述页面的尺寸和方向，代码如下：

```
section.orientation, section.page_width, section.page_height
```

代码输出结果如下所示。

```
(0, 7772400, 10058400)
```

可以将节的方向从纵向更改为横向，代码如下：

```
from docx.enum.section import WD_ORIENT
new_width, new_height = section.page_height, section.page_width
section.orientation = WD_ORIENT.LANDSCAPE
section.page_width = new_width
section.page_height = new_height
section.orientation, section.page_width, section.page_height
```

代码输出结果如下所示。

```
(1, 7772400, 10058400)
```

2．页边距

节中的 left_margin、right_margin、top_margin、bottom_margin、gutter、header_distance、footer_distance 等属性用于指定页边距，它们确定了文本在页面上的显示位置。

查看左边距和右边距的数值，代码如下：

```
from docx.shared import Inches
section.left_margin, section.right_margin
```

代码输出结果如下所示。

```
(1143000, 1143000)
```

查看上边距和下边距的数值，代码如下：

```
section.top_margin, section.bottom_margin
```

代码输出结果如下所示。

```
(914400, 914400)
```

查看装订线距离的数值，代码如下：

```
section.gutter
```

代码输出结果如下所示。

```
0
```

查看页眉和页脚距离的数值，代码如下：

```
section.header_distance, section.footer_distance
```

代码输出结果如下所示。

```
(457200, 457200)
```

也可以自定义左边距和右边距的数值，代码如下：

```
section.left_margin = Inches(1.5)
```

```
section.right_margin = Inches(1)
section.left_margin, section.right_margin
```

代码输出结果如下所示。

```
(1371600, 914400)
```

8.5　上机实践题

练习：使用 Python-docx 库制作如图 8-3 所示的公司员工请假条。

图 8-3　公司员工请假条

第 9 章

利用 Python 制作企业运营月报 Word 版

在第 7 章和第 8 章已经详细介绍了 Python-docx 库的主要功能，本章将以某电商企业为例，详细介绍利用 Python 中的 Python-docx 库制作企业运营月报 Word 版，其中门店运营数据的可视化分析是为后面的运营报告提供的图表。

9.1　整理及清洗门店销售数据

由于各门店提交的月度运营数据可能存在缺失值和异常值等情况，因此在进行数据分析之前，需要整理和清洗门店销售数据。下面介绍其中的主要步骤，包括合并各门店的销售数据、异常数据的检查和处理、缺失数据的检测与处理。2020 年 10 月 9 家门店的运营数据存储在"门店销售业绩月报表.xls"文件中。

9.1.1　合并各门店的销售数据

该电商企业 2020 年 10 月各门店的销售数据都存储在"门店销售业绩月报表.xls"文件中，数据都是 Excel 格式的文件。这里需要对各门店的数据进行合并，代码如下：

```
import pandas as pd
from glob import glob

files = sorted(glob('门店销售业绩月报表.xls'))
df1 = pd.concat((pd.read_excel(file) for file in files), ignore_index=
True)
df1
```

在 JupyterLab 中运行上述代码，输出结果如下所示。合并后的数据集共有 416 条记录和 10 个属性。

	order_id	store_name	pay_method	cust_type	region	sales	amount	profit	manager	satisfied
0	CN_2020_102445	临泉店	信用卡	公司	中南	7001.82	3.0	489.72	王倩倩	0
1	CN_2020_102452	临泉店	微信	消费者	华东	198.80	5.0	53.20	杨洪光	0
2	CN_2020_102465	临泉店	微信	消费者	华北	252.98	1.0	123.90	张怡莲	0
3	CN_2020_102458	临泉店	微信	公司	西南	3010.00	5.0	240.80	姜伟	0
4	CN_2020_102473	临泉店	支付宝	小型企业	中南	104.02	1.0	37.38	王倩倩	0
...										
411	CN_2020_102808	金寨店	信用卡	消费者	华东	833.28	2.0	58.24	杨洪光	0
412	CN_2020_102829	金寨店	支付宝	消费者	华东	414.54	3.0	65.94	杨洪光	0
413	CN_2020_102840	金寨店	信用卡	消费者	东北	1691.53	5.0	-1.08	郝杰	0
414	CN_2020_102839	金寨店	信用卡	消费者	中南	139.78	4.0	11.54	王倩倩	0
415	CN_2020_102838	金寨店	支付宝	消费者	中南	100.80	2.0	15.12	王倩倩	0

```
416 rows × 10 columns
```

9.1.2　异常数据的检查和处理

我们需要检查数据集中是否有异常数据。例如，这里的检测规则是销售额小于 0 元，以及销售额小于利润额，即符合上述两种情况之一的都是异常数据，代码如下：

```
df1[df1['sales']<0]                    #销售额小于 0 元
```

代码输出结果如下所示。

```
order_id store_name pay_method cust_type region sales amount profit manager satisfied
151  CN_2020_102852 众兴店   其他   小型企业  东北  -8.72  2.0  -11.76  郝杰   0
df1[df1['sales']<df1['profit']]        #销售额小于利润额
```

代码输出结果如下所示。

```
order_id store_name pay_method cust_type region sales amount profit manager satisfied
152  CN_2020_102855 众兴店   支付宝  小型企业  华东  357.5  6.0  939.98  杨洪光  1
```

由于异常数据只有两条，占比非常少，因此对于数据集中的异常数据，我们可以采取直接删除的方法，代码如下：

```
df2 = df1[(df1['sales']>=df1['profit']) & (df1['sales']>0)]
df2
```

在 JupyterLab 中运行上述代码，输出结果如下所示，数据集还有 414 条记录。

```
order_id store_name pay_method cust_type region sales amount profit manager satisfied
0   CN_2020_102445 临泉店   信用卡  公司    中南  7001.82 3.0  489.72  王倩倩  0
1   CN_2020_102452 临泉店   微信   消费者   华东  198.80  5.0  53.20   杨洪光  0
2   CN_2020_102465 临泉店   微信   消费者   华北  252.98  1.0  123.90  张怡莲  0
3   CN_2020_102458 临泉店   微信   公司    西南  3010.00 5.0  240.80  姜伟   0
4   CN_2020_102473 临泉店   支付宝  小型企业  中南  104.02  1.0  37.38   王倩倩  0
...
411 CN_2020_102808 金寨店   信用卡  消费者   华东  833.28  2.0  58.24   杨洪光  0
412 CN_2020_102829 金寨店   支付宝  消费者   华东  414.54  3.0  65.94   杨洪光  0
413 CN_2020_102840 金寨店   信用卡  消费者   东北  1691.53 5.0  -1.08   郝杰   0
414 CN_2020_102839 金寨店   信用卡  消费者   中南  139.78  4.0  11.54   王倩倩  0
415 CN_2020_102838 金寨店   支付宝  消费者   中南  100.80  2.0  15.12   王倩倩  0
414 rows × 10 columns
```

9.1.3　缺失数据的检测与处理

此外，在对数据进行分析之前，还需要检测数据集中是否有缺失值，以及哪些字段存在缺失值等，代码如下：

```
df2.isnull().any()
```

在 JupyterLab 中运行上述代码，输出结果如下所示，可以看出订单量 amount 字段有缺失值。

```
order_id        False
```

```
store_name          False
pay_method          False
cust_type           False
region              False
sales               False
amount              True
profit              False
manager             False
satisfied           False
dtype: bool
```

然后，通过 any()函数筛选出数据集中存在缺失数据的记录，代码如下：

```
df2[df2.isna().T.any()]
```

在 JupyterLab 中运行上述代码，输出结果如下所示，只有 1 条记录。

```
order_id store_name pay_method cust_type region sales amount profit manager satisfied
150 CN_2020_102844  众兴店  其他  小型企业  东北  2873.36  NaN  430.22  郝杰  0
```

对于订单量的缺失数据，我们可以采取填充默认值的方法进行处理，默认值为 1，代码如下：

```
df3 = df2.fillna(1)
```

最后，为了后期更好地维护和使用门店销售数据，这里将清洗处理后的数据导入 MySQL 数据库中，表名为"reports"。

9.2　运营数据的可视化分析

9.2.1　门店运营数据的可视化分析

为了比较 2020 年 10 月各门店的销售额，下面绘制各门店销售额的条形图，代码如下：

```
import numpy as np
import matplotlib as mpl
import matplotlib.pyplot as plt
from matplotlib.font_manager import FontProperties
mpl.rcParams['font.sans-serif']=['SimHei']    #显示中文
plt.rcParams['axes.unicode_minus']=False      #正常显示负号
import squarify
import pymysql
```

```
#连接 MySQL 数据库
v1 = []
v2 = []
v3 = []
conn = pymysql.connect(host='127.0.0.1',port=3306,user='root',password=
'root',db='sales',charset='utf8')
cursor = conn.cursor()

#读取表数据
sql_num = "SELECT store_name,ROUND(SUM(sales)/10000,2) FROM reports GROUP
BY store_name"
cursor.execute(sql_num)
sh = cursor.fetchall()
for s in sh:
    v1.append(s[0])
    v2.append(s[1])

plt.figure(figsize=(11,7))                    #设置图形大小
colors = ['LightCoral','Salmon','LightSalmon','Tomato','DarkSalmon',
'Coral','SandyBrown','DarkOrange','Orange']    #设置颜色数据
plt.bar(v1, v2, alpha=0.5, width=0.4, color=colors, edgecolor='red',
label='销售额', lw=1)
plt.legend(loc='upper right',fontsize=16)
plt.xticks(np.arange(9), v1, rotation=13)      #rotation 控制倾斜角度

#fontsize 控制字号
plt.ylabel('销售额', fontsize=16)
plt.title('2020 年 10 月不同门店销售额分析', fontsize=20)

#设置坐标轴上数值字号
plt.tick_params(axis='both', labelsize=16)
plt.savefig('门店销售额分析.png')
plt.show()
```

在 JupyterLab 中运行上述代码，生成如图 9-1 所示的各门店销售额的条形图。

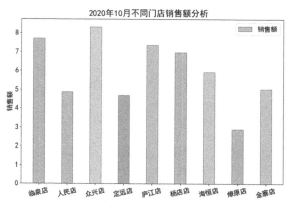

图 9-1　各门店销售额的条形图

　　此外，为了分析各门店利润额和销售额的关系，下面绘制了两者之间的散点图，代码如下：

```
import matplotlib.pyplot as plt
import numpy as np
plt.rcParams['font.sans-serif'] = ['SimHei']
plt.rcParams['axes.unicode_minus']=False
import squarify
import pymysql

v1 = []
v2 = []
v3 = []

#连接 MySQL 数据库
conn = pymysql.connect(host='127.0.0.1',port=3306,user='root',password=
'root',db='sales',charset='utf8')
cursor = conn.cursor()

#读取表数据
sql_num = "SELECT store_name,ROUND(SUM(sales)/10000,2),ROUND(SUM(profit)/
10000,2) FROM reports GROUP BY store_name"
cursor.execute(sql_num)
sh = cursor.fetchall()
for s in sh:
    v1.append(s[0])
    v2.append(s[1])
    v3.append(s[2])
```

```
plt.figure(figsize=(11,7))                              #设置图形大小
colors = ['LightCoral','Salmon','LightSalmon','Tomato','DarkSalmon',
'Coral','SandyBrown','DarkOrange','Orange']    #设置颜色数据
#marker 表示点的形状，s 表示点的大小，alpha 表示点的透明度
plt.scatter(v2, v3, color=colors, marker='o', s=395, alpha=0.8)
plt.xlabel('销售额', fontsize=16)
plt.ylabel('利润额', fontsize=16)
plt.title('2020 年 10 月利润额与销售额关系分析', fontsize=20)
plt.tick_params(axis='both', labelsize=16)
plt.savefig('门店利润额分析.png')
plt.show()
```

在 JupyterLab 中运行上述代码，生成如图 9-2 所示的各门店利润额与销售额的散点图。

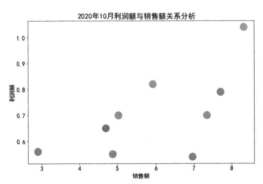

图 9-2　各门店利润额与销售额的散点图

9.2.2　地区销售数据的可视化分析

为了比较 2020 年 10 月各销售地区的销售额，下面绘制地区销售额的树状图，代码如下：

```
import pandas as pd
import matplotlib as mpl
import matplotlib.pyplot as plt
mpl.rcParams['font.sans-serif']=['SimHei']              #显示中文
plt.rcParams['axes.unicode_minus']=False               #正常显示负号
import squarify
import pymysql

#连接 MySQL 数据库
```

```
conn = pymysql.connect(host='127.0.0.1',port=3306,user='root',password=
'root',db='sales',charset='utf8')
```

```
#读取表数据
sql = "SELECT region,ROUND(SUM(sales)/10000,2) as sales FROM reports GROUP
BY region order by sales desc"
df = pd.read_sql(sql,conn)
```

```
plt.figure(figsize=(11,7))       #设置图形大小
colors = ['LightCoral','Salmon','LightSalmon','Tomato','DarkSalmon',
'Coral']                         #设置颜色数据
plot=squarify.plot(
    sizes=df['sales'],           #指定绘图数据
    label=df['region'],          #标签
    color=colors,                #自定义颜色
    alpha=0.9,                   #指定透明度
    value=df['sales'],           #添加数值标签
    edgecolor='white',           #设置边界框颜色为白色
    linewidth=8                  #设置边框宽度
)
```

```
plt.rc('font',size=18)           #设置标签大小
#设置标题及字号
plot.set_title('2020年10月不同地区销售额分析',fontdict={'fontsize':20})
plt.axis('off')                  #去除坐标轴
plt.tick_params(top='off',right='off')          #去除上边框和右边框刻度
plt.savefig('地区销售额分析.png')
plt.show()
```

在 JupyterLab 中运行上述代码，生成如图 9-3 所示的地区销售额的树状图。

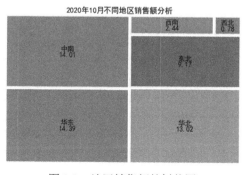

图 9-3　地区销售额的树状图

此外，为了比较各地区订单量的大小，下面绘制各地区订单量的水平条形图，代码如下：

```
import matplotlib as mpl
import matplotlib.pyplot as plt
mpl.rcParams['font.sans-serif']=['SimHei']              #显示中文
plt.rcParams['axes.unicode_minus']=False               #正常显示负号
import pymysql

#连接MySQL数据库
v1 = []
v2 = []
conn = pymysql.connect(host='127.0.0.1',port=3306,user='root',password=
'root',db='sales',charset='utf8')
cursor = conn.cursor()

#读取表数据
sql_num = "SELECT region,count(order_id) FROM reports GROUP BY region"
#df = pd.read_sql(sql,conn)
cursor.execute(sql_num)
sh = cursor.fetchall()
for s in sh:
    v1.append(s[0])
    v2.append(s[1])

plt.figure(figsize=(11,7))                              #设置图形大小
colors = ['LightCoral','Salmon','LightSalmon','Tomato','DarkSalmon',
'Coral']                                                #设置颜色数据

plt.barh(v1, v2, alpha=0.5, color=colors, edgecolor='red', label='订单量',
lw=1)
plt.legend(loc='upper right',fontsize=16)

#设置坐标轴上数值字号
plt.tick_params(axis='both', labelsize=16)
plt.title('2020年10月不同地区客户订单量分析',fontsize = 20)
plt.savefig('地区订单量分析.png')
plt.show()
```

在 JupyterLab 中运行上述代码，生成如图 9-4 所示的各地区订单量的水平条形图。

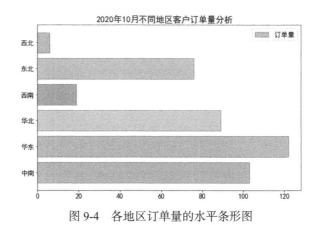

图 9-4　各地区订单量的水平条形图

9.2.3　客户购买数据的可视化分析

为了比较 2020 年 10 月不同类型客户的商品购买情况，下面绘制不同类型客户购买金额的饼图，代码如下：

```python
import matplotlib.pyplot as plt
plt.rcParams['font.sans-serif'] = ['SimHei']
import squarify
import pymysql


#连接 MySQL 数据库
v1 = []
v2 = []
conn = pymysql.connect(host='127.0.0.1',port=3306,user='root',password=
'root',db='sales',charset='utf8')
cursor = conn.cursor()

#读取表数据
sql_num = "SELECT cust_type,ROUND(SUM(sales),2) FROM reports  GROUP BY
cust_type"
cursor.execute(sql_num)
sh = cursor.fetchall()
for s in sh:
    v1.append(s[0])
    v2.append(s[1])

plt.figure(figsize=(15,8))          #设置饼图大小
labels = v1
```

```
explode =[0.1, 0.1, 0.1]                        #每一块离开中心距离
plt.pie(v2, explode=explode,labels=labels,autopct='%1.1f%%',textprops=
{'fontsize':16,'color':'black'})
plt.title('2020年10月不同类型客户购买金额分析',fontsize = 20)
plt.savefig('客户购买金额分析.png')
plt.show()
```

在 JupyterLab 中运行上述代码，生成如图 9-5 所示的不同类型客户购买金额的饼图。

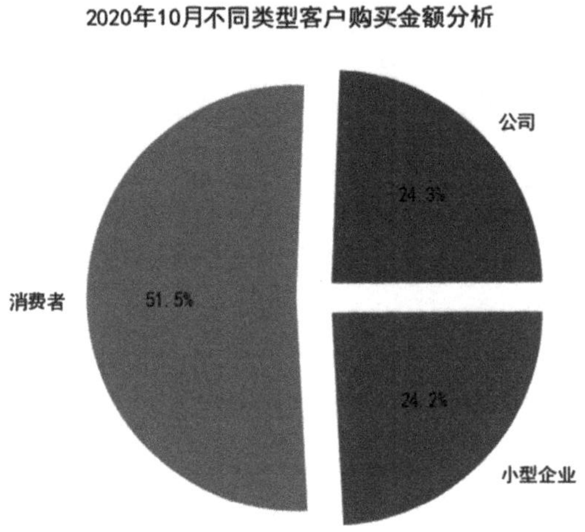

2020年10月不同类型客户购买金额分析

图 9-5   不同类型客户购买金额的饼图

此外，为了分析各门店的客户满意度情况，下面绘制各门店客户满意率的折线图，代码如下：

```
import matplotlib.pyplot as plt
plt.rcParams['font.sans-serif'] = ['SimHei']          #显示中文
plt.rcParams['axes.unicode_minus']=False              #正常显示负号
import squarify
import pymysql

#连接 MySQL 数据库
v1 = []
v2 = []
conn = pymysql.connect(host='127.0.0.1',port=3306,user='root',password=
'root',db='sales',charset='utf8')
cursor = conn.cursor()
```

```
#读取表数据
sql_num = "SELECT store_name,100-100*sum(satisfied)/count(order_id) FROM
reports GROUP BY store_name"
cursor.execute(sql_num)
sh = cursor.fetchall()
for s in sh:
    v1.append(s[0])
    v2.append(s[1])


plt.figure(figsize=(11,7))    #设置图形大小
#绘制折线图
plt.plot(v1, v2)
#设置纵坐标范围
plt.ylim((60,100))
#设置横坐标角度，这里设置为45°
plt.xticks(rotation=45)
#设置横纵坐标名称
plt.ylabel("满意率")
#设置折线图名称
plt.tick_params(axis='both', labelsize=16)
plt.title("2020 年 10 月不同门店客户满意度分析")
plt.savefig('客户满意度分析.png')
plt.show()
```

在 JupyterLab 中运行上述代码，生成如图 9-6 所示的各门店客户满意率的折线图。

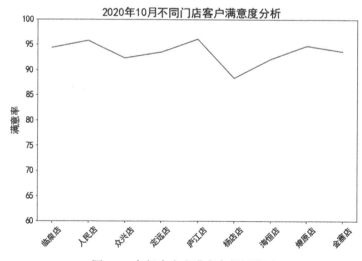

图 9-6　各门店客户满意率的折线图

9.3 批量制作企业运营月报

9.3.1 制作门店运营分析报告

在门店运营过程中，评价运营效果最重要的指标是销售额和利润额，下面介绍使用 **Python-docx** 库制作门店运营分析报告，代码如下：

```
from docx.shared import Inches
from docx.enum.text import WD_PARAGRAPH_ALIGNMENT
from docx import Document
document = Document()

document.add_heading('企业运营月报', 0)

document.add_heading('1 门店运营分析')
document.add_heading('1.1 门店销售额分析', level=2)

paragraph1 = document.add_paragraph('销售额是衡量门店运营的一项重要指标，对其做
好分析工作，有助于优化整体运营节奏，2020 年 10 月各门店的销售额存在较大的差异，如下图
所示。')

paragraph2 = document.add_paragraph()
paragraph2.alignment = WD_PARAGRAPH_ALIGNMENT.CENTER
run = paragraph2.add_run("")
run.add_picture('门店销售额分析.png', width=Inches(4.5))

styles = document.styles.element.xpath('.//w:style[@w:type="character"]/
@w:styleId')
paragraph4 = document.add_paragraph('从图形可以看出：')
paragraph4.add_run('众兴店的销售额最多，超过了 8 万元，其次是临泉店，燎原店的销售额最
少，不到 3 万元。', 'Subtitle Char')

document.add_heading('1.2 门店利润额分析', level=2)

paragraph1 = document.add_paragraph('利润额是门店运营的最终目标，对其进行分析可
以为后续的运营提供参考，从而提升门店盈利能力，2020 年 10 月各门店的利润额变化较大，如下
图所示。')

paragraph2 = document.add_paragraph()
paragraph2.alignment = WD_PARAGRAPH_ALIGNMENT.CENTER
```

```
run = paragraph2.add_run("")
run.add_picture('门店利润额分析.png', width=Inches(4.5))

styles = document.styles.element.xpath('.//w:style[@w:type="character"]/
@w:styleId')
paragraph4 = document.add_paragraph('从图形可以看出：')
paragraph4.add_run('门店利润额基本都在 9 千元以下，而且利润额与销售额的关系不是很明
显，即销售额大，利润额不一定很多。', 'Subtitle Char')

document.save('销售部 10 月销售考核 1.docx')
```

在 JupyterLab 中运行上述代码，生成如图 9-7 所示的门店运营分析报告。

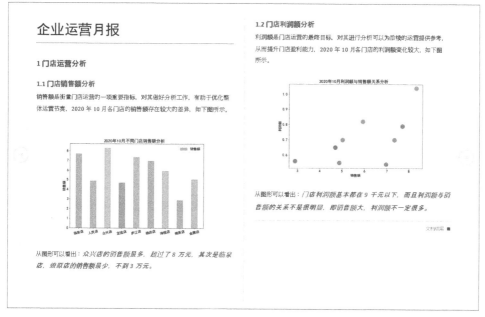

图 9-7　门店运营分析报告

9.3.2　制作地区销售分析报告

由于不同地区消费者的购买偏好存在差异，因此需要深入分析消费者的购买偏好，下面介绍使用 Python-docx 库制作地区销售分析报告，代码如下：

```
from docx.shared import Inches
from docx.enum.text import WD_PARAGRAPH_ALIGNMENT
from docx import Document
document = Document()
```

```
document.add_heading('企业运营月报', 0)

document.add_heading('2 地区销售分析')
document.add_heading('2.1 地区销售额分析', level=2)

paragraph1 = document.add_paragraph('由于各个地区地理、文化、政治、语言和风俗不
同，从而导致消费者的购买偏好有所不同，2020 年 10 月各门店的销售额存在较大的差异，如下图
所示。')

paragraph2 = document.add_paragraph()
paragraph2.alignment = WD_PARAGRAPH_ALIGNMENT.CENTER
run = paragraph2.add_run("")
run.add_picture('地区销售额分析.png', width=Inches(4.5))

styles = document.styles.element.xpath('.//w:style[@w:type="character"]/
@w:styleId')
paragraph4 = document.add_paragraph('从图形可以看出：')
paragraph4.add_run('华东地区的销售额最大，达到了 14.39 万元，其次是中南地区，超过了
14 万元，西北地区的销售额最少。', 'Subtitle Char')

document.add_heading('2.2 地区订单量分析', level=2)

paragraph1 = document.add_paragraph('订单量是指消费者或用户在一定时期内购买某种
商品的次数，它是衡量客户购买行为的一项重要指标，2020 年 10 月各门店的订单量波动较大，如
下图所示。')

paragraph2 = document.add_paragraph()
paragraph2.alignment = WD_PARAGRAPH_ALIGNMENT.CENTER
run = paragraph2.add_run("")
run.add_picture('地区订单量分析.png', width=Inches(4.5))

styles = document.styles.element.xpath('.//w:style[@w:type="character"]/
@w:styleId')
paragraph4 = document.add_paragraph('从图形可以看出：')
paragraph4.add_run('华东地区的订单量最多，超过了 120 单，其次是中南地区，超过了 100
单，西北地区的订单量最少。', 'Subtitle Char')

document.save('销售部 10 月销售考核 2.docx')
```

在 JupyterLab 中运行上述代码，生成如图 9-8 所示的地区销售分析报告。

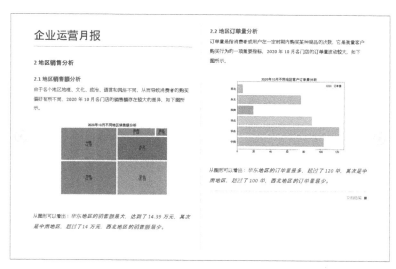

图 9-8　地区销售分析报告

9.3.3　制作客户消费分析报告

　　客户分析就是根据客户的各种信息，包括交易数据等，从而评估客户价值，制定相应的营销策略，下面介绍使用 Python-docx 库制作客户消费分析报告，代码如下：

```
from docx.shared import Inches
from docx.enum.text import WD_PARAGRAPH_ALIGNMENT
from docx import Document
document = Document()

document.add_heading('企业运营月报', 0)

document.add_heading('3 客户消费分析')
document.add_heading('3.1 客户利润额分析', level=2)

paragraph1 = document.add_paragraph('利润是企业在一定会计期间的经营成果，2020 年
10 月不同类型的客户对企业利润额的贡献是不同的，如下图所示。')

paragraph2 = document.add_paragraph()
paragraph2.alignment = WD_PARAGRAPH_ALIGNMENT.CENTER
run = paragraph2.add_run("")
run.add_picture('客户购买金额分析.png', width=Inches(4.5))

styles = document.styles.element.xpath('.//w:style[@w:type="character"]/
```

```
@w:styleId')
paragraph4 = document.add_paragraph('从图形可以看出：')
paragraph4.add_run('企业的主要利润来源于普通的消费者，已经超过了 50%，公司和小型企业
的消费者约各占 24%。', 'Subtitle Char')

document.add_heading('3.2 客户满意度分析', level=2)

paragraph1 = document.add_paragraph('客户满意度是客户期望值与客户体验的匹配程度，
2020 年 10 月各门店的客户满意度存在较大的波动性，如下图所示。')

paragraph2 = document.add_paragraph()
paragraph2.alignment = WD_PARAGRAPH_ALIGNMENT.CENTER
run = paragraph2.add_run("")
run.add_picture('客户满意度分析.png', width=Inches(4.5))

styles = document.styles.element.xpath('.//w:style[@w:type="character"]/
@w:styleId')
paragraph4 = document.add_paragraph('从图形可以看出：')
paragraph4.add_run('客户满意率基本都在 90%～95%，其中庐江店的客户满意率最高，超过了
96%，杨店店的客户满意率最低，不到 90%。', 'Subtitle Char')

document.save('销售部 10 月销售考核 3.docx')
```

在 JupyterLab 中运行上述代码，生成如图 9-9 所示的客户消费分析报告。

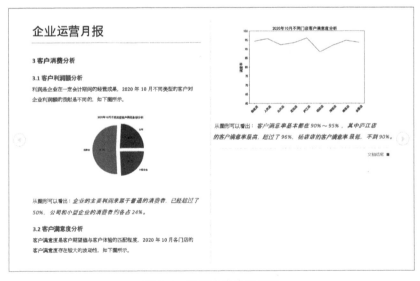

图 9-9　客户消费分析报告

9.4　企业运营月报 Word 版案例完整代码

为了更好地帮助读者理解文本自动化处理的过程，我们把上述的代码进行了汇总，以便读者在工作中参考使用，完整的代码如下：

```
from docx.shared import Inches
from docx.enum.text import WD_PARAGRAPH_ALIGNMENT
from docx import Document
document = Document()

document.add_heading('企业运营月报', 0)

#门店运营分析
document.add_heading('1 门店运营分析')
document.add_heading('1.1 门店销售额分析', level=2)

paragraph1 = document.add_paragraph('销售额是衡量门店运营的一项重要指标，对其做好分析工作，有助于优化整体运营节奏，2020 年 10 月各门店的销售额存在较大的差异，如下图所示。')

paragraph2 = document.add_paragraph()
paragraph2.alignment = WD_PARAGRAPH_ALIGNMENT.CENTER
run = paragraph2.add_run("")
run.add_picture('门店销售额分析.png', width=Inches(4.5))

styles = document.styles.element.xpath('.//w:style[@w:type="character"]/
@w:styleId')
paragraph4 = document.add_paragraph('从图形可以看出：')
paragraph4.add_run('众兴店的销售额最多，超过了 8 万元，其次是临泉店，燎原店的销售额最少，不到 3 万元。', 'Subtitle Char')

document.add_heading('1.2 门店利润额分析', level=2)

paragraph1 = document.add_paragraph('利润额是门店运营的最终目标，对其进行分析可以为后续的运营提供参考，从而提升门店盈利能力，2020 年 10 月各门店的利润额变化较大，如下图所示。')

paragraph2 = document.add_paragraph()
paragraph2.alignment = WD_PARAGRAPH_ALIGNMENT.CENTER
run = paragraph2.add_run("")
run.add_picture('门店利润额分析.png', width=Inches(4.5))
```

```python
styles = document.styles.element.xpath('.//w:style[@w:type="character"]/
@w:styleId')
paragraph4 = document.add_paragraph('从图形可以看出：')
paragraph4.add_run('门店利润额基本都在 9 千元以下，而且利润额与销售额的关系不是很明
显，即销售额大，利润额不一定很多。', 'Subtitle Char')

#地区销售分析
document.add_heading('2 地区销售分析')
document.add_heading('2.1 地区销售额分析', level=2)

paragraph1 = document.add_paragraph('由于各个地区地理、文化、政治、语言和风俗不同，从
而导致消费者的购买偏好有所不同，2020 年 10 月各门店的销售额存在较大的差异，如下图所示。')

paragraph2 = document.add_paragraph()
paragraph2.alignment = WD_PARAGRAPH_ALIGNMENT.CENTER
run = paragraph2.add_run("")
run.add_picture('地区销售额分析.png', width=Inches(4.5))

styles = document.styles.element.xpath('.//w:style[@w:type="character"]/
@w:styleId')
paragraph4 = document.add_paragraph('从图形可以看出：')
paragraph4.add_run('华东地区的销售额最大，达到了 14.39 万元，其次是中南地区，超过了
14 万元，西北地区的销售额最少。', 'Subtitle Char')

document.add_heading('2.2 地区订单量分析', level=2)

paragraph1 = document.add_paragraph('订单量是指消费者或用户在一定时期内购买某种商品的
次数，它是衡量客户购买行为的一项重要指标，2020 年 10 月各门店的订单量波动较大，如下图所示。')

paragraph2 = document.add_paragraph()
paragraph2.alignment = WD_PARAGRAPH_ALIGNMENT.CENTER
run = paragraph2.add_run("")
run.add_picture('地区订单量分析.png', width=Inches(4.5))

styles = document.styles.element.xpath('.//w:style[@w:type="character"]/
@w:styleId')
paragraph4 = document.add_paragraph('从图形可以看出：')
paragraph4.add_run('华东地区的订单量最多，超过了 120 单，其次是中南地区，超过了 100
单，西北地区的订单量最少。', 'Subtitle Char')

#客户消费分析
```

```
document.add_heading('3 客户消费分析')
document.add_heading('3.1 客户利润额分析', level=2)

paragraph1 = document.add_paragraph('利润是企业在一定会计期间的经营成果，2020 年
10 月不同类型的客户对企业利润额的贡献是不同的，如下图所示。')

paragraph2 = document.add_paragraph()
paragraph2.alignment = WD_PARAGRAPH_ALIGNMENT.CENTER
run = paragraph2.add_run("")
run.add_picture('客户购买金额分析.png', width=Inches(4.5))

styles = document.styles.element.xpath('.//w:style[@w:type="character"]/
@w:styleId')
paragraph4 = document.add_paragraph('从图形可以看出：')
paragraph4.add_run('企业的主要利润来源于普通的消费者，已经超过了 50%，公司和小型企业
的消费者约各占 24%。', 'Subtitle Char')

document.add_heading('3.2 客户满意度分析', level=2)

paragraph1 = document.add_paragraph('客户满意度是客户期望值与客户体验的匹配程度，
2020 年 10 月各门店的客户满意度存在较大的波动性，如下图所示。')

paragraph2 = document.add_paragraph()
paragraph2.alignment = WD_PARAGRAPH_ALIGNMENT.CENTER
run = paragraph2.add_run("")
run.add_picture('客户满意度分析.png', width=Inches(4.5))

styles = document.styles.element.xpath('.//w:style[@w:type="character"]/
@w:styleId')
paragraph4 = document.add_paragraph('从图形可以看出：')
paragraph4.add_run('客户满意率基本都在 90%～95%，其中庐江店的客户满意率最高，超过了
96%，杨店店的客户满意率最低，不到 90%。', 'Subtitle Char')

document.save('销售部 10 月销售考核.docx')
```

　　运行上述案例程序，在目录下将会生成“销售部 10 月销售考核.docx”文档。

9.5　上机实践题

　　练习：利用本章中的数据，使用 Python 制作企业客户支付方式的月度分析报告。

第 4 篇　幻灯片自动化制作篇

第 10 章

幻灯片自动化制作

在日常办公中，制作幻灯片是每个人都会遇到的任务，尤其是一些大型公司非常重视数据分析，有日报、周报、月报、季报等汇报，而且要以幻灯片的形式提交。

对于我们来说，如何在最短的时间内制作出美观的幻灯片是一个难题，用程序实现是最好的捷径。本章将初步介绍利用 Python-pptx 库自动化制作幻灯片。

10.1　应用场景及环境搭建

10.1.1　幻灯片自动化应用场景

不管你是从事销售工作，还是在管理岗位或支持性部门工作，在制作项目计划、述职报告、产品介绍、会议总结时，总需要和幻灯片打交道。幻灯片作为一种展示工具，形象生动、简洁，易于人们理解和接受。

幻灯片的主要功能大致分为两种：一种以做报告为目的，如项目进展通告、调查结果汇报、工作总结等；另一种以提建议为目的，如方案、计划等，这就需要使用大量信息，并利用幻灯片来展示自己的思路，说服和打动领导或客户。

许多数据分析师不擅长制作幻灯片，但是我们可以基于 Python 快速实现幻灯片的制作，从而避免重复性的操作，并提高工作效率。

10.1.2　幻灯片自动化环境搭建

1．安装 Microsoft Office

与 Python-docx 库类似，Python-pptx 库也不支持 Word 2003 及其以下版本，因此我们需要安装 Microsoft Office 2007 及其以上的版本。

2．安装 Python-pptx 库

Python-pptx 是用于创建和更新幻灯片文件的 Python 库，通常用于从数据直接生成定制的 PowerPoint 演示文稿，还可以用于对演示文稿库进行批量更新。

Python-pptx 库依赖于 lxml 库，且 lxml 库需要高于 3.1.0 版本。安装过程比较简单，首先打开命令提示符窗口，然后输入"pip install python-pptx"命令，再按"Enter"键即可。当命令提示符窗口中出现"Successfully installed python-pptx-0.6.18"时表示安装成功，如图 10-1 所示。

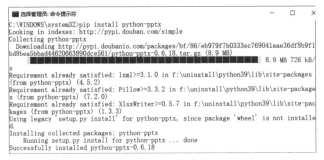

图 10-1　Python-pptx 库安装成功时的信息显示

10.2　Python-pptx 库案例演示

为了使读者更好地理解幻灯片自动化的制作，以及使用 Python-pptx 库进行幻灯片制作，下面通过创建一个简单的企业运营周报的幻灯片，演示其生成的过程，效果如图 10-2 所示。需要说明的是，在这一过程中，我们没有在 PowerPoint 文档中进行任何操作，只是打开了程序最后生成的 PowerPoint 文档。

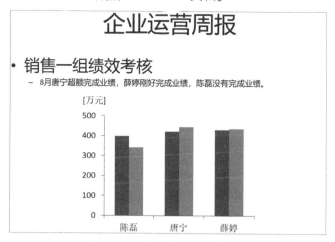

图 10-2　企业运营周报案例效果

10.2.1　presentation()函数：打开演示文稿

如果在不指定打开演示文稿的情况下，想要打开新的演示文稿，其代码如下：

```
from pptx import Presentation
prs = Presentation()
prs.save('打开空白幻灯片.pptx')
```

也可以打开已有的演示文稿，代码如下：

```
from pptx import Presentation
prs = Presentation('销售一组绩效考核.pptx')
prs.save('打开已有幻灯片.pptx')
```

10.2.2　add_slide()函数：添加幻灯片

打开演示文稿后，就需要添加合适的幻灯片样式，在 Python-pptx 库中，可以通过设置 SLD_LAYOUT_TITLE_AND_CONTENT 参数选择幻灯片的样式，参数的数值与在 PowerPoint 中新建幻灯片的样式依次对应，如图 10-3 所示。

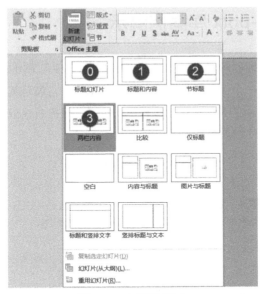

图 10-3　幻灯片样式

例如，这里选择"两栏内容"幻灯片样式，代码如下：

```
from pptx import Presentation
SLD_LAYOUT_TITLE_AND_CONTENT = 3
prs = Presentation()
slide_layout = prs.slide_layouts[SLD_LAYOUT_TITLE_AND_CONTENT]
slide = prs.slides.add_slide(slide_layout)
prs.save('添加幻灯片.pptx')
```

运行上述代码，打开生成的文件，添加幻灯片效果如图 10-4 所示。

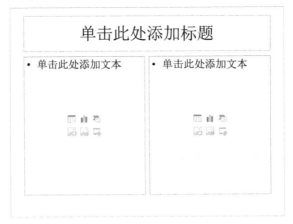

图 10-4　添加幻灯片效果

10.2.3　title_shape()函数：添加主标题和副标题

选择"标题和内容"幻灯片样式，添加主标题和副标题，代码如下：

```
from pptx import Presentation
prs = Presentation()

slide = prs.slides.add_slide(prs.slide_layouts[1])
title_shape = slide.shapes.title                 #取出本页幻灯片的标题
title_shape.text = '企业运营周报'                  #向标题文本框中输入文字
subtitle = slide.shapes.placeholders[1]          #取出本页第 2 个文本框
subtitle.text = '销售一组绩效考核'                 #在第 2 个文本框中输入文字

prs.save('添加主标题和副标题.pptx')
```

运行上述代码，打开生成的文件，添加主标题和副标题的效果如图 10-5 所示。

图 10-5　添加主标题和副标题的效果

10.2.4　add_paragraph()函数：添加段落

使用 add_paragraph()函数可以在文本框架中添加新段落，并设置文字大小等，代码如下：

```
from pptx import Presentation
from pptx.util import Pt

prs = Presentation()
slide = prs.slides.add_slide(prs.slide_layouts[1])
body_shape = slide.shapes.placeholders

new_paragraph = body_shape[1].text_frame.add_paragraph()
new_paragraph.text = '8 月唐宁超额完成业绩，薛婷刚好完成业绩，陈磊没有完成业绩。'
new_paragraph.font.size = Pt(20)

prs.save('添加段落.pptx')
```

运行上述代码，打开生成的文件，添加段落效果如图 10-6 所示。

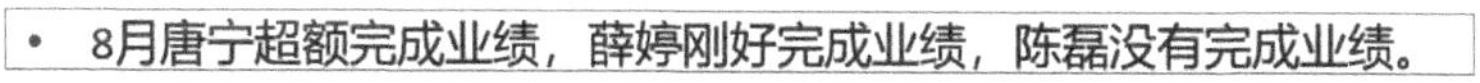

图 10-6　添加段落效果

10.2.5 add_chart()函数：插入图表

使用 add_chart()函数，可以在幻灯片中自动插入图表，代码如下：

```
from pptx import Presentation
from pptx.chart.data import CategoryChartData
from pptx.enum.chart import XL_CHART_TYPE
from pptx.util import Inches

prs = Presentation()
slide = prs.slides.add_slide(prs.slide_layouts[5])

chart_data = CategoryChartData()
chart_data.categories = ['陈磊', '唐宁', '薛婷']
chart_data.add_series('Series 1', (399, 422, 431))
chart_data.add_series('Series 2', (341, 445, 436))

left, top, width, height = Inches(2.5), Inches(2.5), Inches(5), Inches(3.5)
chart = slide.shapes.add_chart(
    XL_CHART_TYPE.COLUMN_CLUSTERED, left, top, width, height, chart_data).
chart
chart.chart_style = 4
value_axis = chart.value_axis
value_axis.has_major_gridlines = False

prs.save('插入图表.pptx')
```

运行上述代码，打开生成的文件，插入图表效果如图 10-7 所示。

10.3 案例演示完整代码

为了更好地帮助读者理解幻灯片自动化制作的过程，我们把上述的代码进行了汇总，以便读者在工作中参考使用，完整的代码如下：

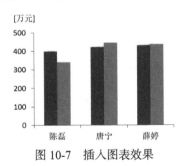

图 10-7 插入图表效果

```
from pptx import Presentation
from pptx.chart.data import CategoryChartData
from pptx.enum.chart import XL_CHART_TYPE
from pptx.util import Inches
from pptx.util import Pt
```

```
prs = Presentation()
slide = prs.slides.add_slide(prs.slide_layouts[1])
title_shape = slide.shapes.title
title_shape.text = '企业运营周报'
subtitle = slide.shapes.placeholders[1]
subtitle.text = '销售一组绩效考核'

body_shape = slide.shapes.placeholders
new_paragraph = body_shape[1].text_frame.add_paragraph()
new_paragraph.text = '8 月唐宁超额完成业绩，薛婷刚好完成业绩，陈磊没有完成业绩。'
new_paragraph.font.bold = False
new_paragraph.font.italic = False
new_paragraph.font.size = Pt(16)
new_paragraph.font.underline = False
new_paragraph.level = 1

chart_data = CategoryChartData()
chart_data.categories = ['陈磊', '唐宁', '薛婷']
chart_data.add_series('Series 1', (399, 422, 431))
chart_data.add_series('Series 2', (341, 445, 436))

left, top, width, height = Inches(2.5), Inches(3.2), Inches(5), Inches(3.5)
chart = slide.shapes.add_chart(
    XL_CHART_TYPE.COLUMN_CLUSTERED, left, top, width, height, chart_data)
.chart
chart.chart_style = 4
value_axis = chart.value_axis
value_axis.has_major_gridlines = False

prs.save('绩效考核.pptx')
```

运行上述的案例程序，在目录下就会生成“绩效考核.pptx”文档，打开该文档后的效果如图 10-2 所示。

10.4　上机实践题

练习：使用 Python-pptx 库制作个人月度消费情况的幻灯片，包括衣、食、住、行等方面的消费支出。

第 11 章

利用 Python 进行幻灯片自动化制作

如何快速高效地制作幻灯片，可能是我们在办公过程中遇到的问题，尤其是当需要制作周期重复性的幻灯片时，盲目制作虽然可以完成任务，但是增加了时间成本和人力成本。

本章将详细介绍如何利用 Python-pptx 库自动化制作幻灯片的文本、图形、表格和形状等内容。

11.1　自动化制作文本

11.1.1　添加普通文本

　　使用 **Python-pptx** 库，可以向幻灯片中添加普通文本，代码如下：

```
from pptx import Presentation
from pptx.util import Inches, Pt

prs = Presentation()
blank_slide_layout = prs.slide_layouts[6]
slide = prs.slides.add_slide(blank_slide_layout)

left = top = Inches(1)
width = height = Inches(2)
tb = slide.shapes.add_textbox(left, top, width, height)
tf = tb.text_frame
tf.text = "添加普通字体文本"

prs.save('添加文本 1.pptx')
```

　　运行上述代码，添加普通文本的效果如图 11-1 所示。

添加普通字体文本

图 11-1　添加普通文本的效果

11.1.2　设置文本加粗

　　使用 **Python-pptx** 库，可以设置文本加粗，代码如下：

```
from pptx import Presentation
from pptx.util import Inches, Pt

prs = Presentation()
blank_slide_layout = prs.slide_layouts[6]
slide = prs.slides.add_slide(blank_slide_layout)

left = top = Inches(1)
width = height = Inches(2)
tb = slide.shapes.add_textbox(left, top, width, height)
tf = tb.text_frame
tf.text = "添加普通字体文本"
```

```
p = tf.add_paragraph()
p.text = "添加加粗字体文本"
p.font.bold = True

prs.save('添加文本 2.pptx')
```

运行上述代码，设置文本加粗的效果如图 11-2 所示。

添加普通字体文本
添加加粗字体文本

图 11-2　设置文本加粗的效果

11.1.3　设置文本字号

使用 Python-pptx 库，可以设置文本字号，代码如下：

```
from pptx import Presentation
from pptx.util import Inches, Pt

prs = Presentation()
blank_slide_layout = prs.slide_layouts[6]
slide = prs.slides.add_slide(blank_slide_layout)

left = top = Inches(1)
width = height = Inches(2)
tb = slide.shapes.add_textbox(left, top, width, height)
tf = tb.text_frame
tf.text = "添加普通字体文本"

p = tf.add_paragraph()
p.text = "添加加粗字体文本"
p.font.bold = True

p = tf.add_paragraph()
p.text = "添加较大字体文本"
p.font.size = Pt(40)

prs.save('添加文本 3.pptx')
```

运行上述代码，设置文本字号的效果如图 11-3 所示。

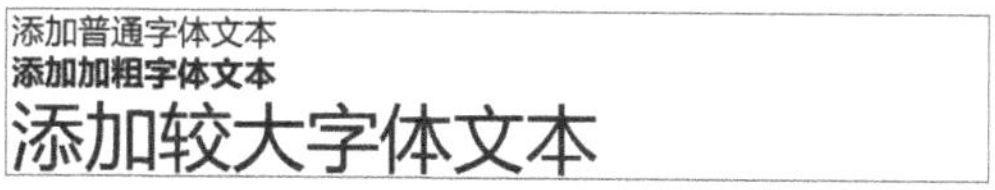

图 11-3　设置文本字号的效果

11.1.4　设置文本倾斜

使用 **Python-pptx** 库，可以设置文本倾斜，代码如下：

```python
from pptx import Presentation
from pptx.util import Inches, Pt

prs = Presentation()
blank_slide_layout = prs.slide_layouts[6]
slide = prs.slides.add_slide(blank_slide_layout)

left = top = Inches(1)
width = height = Inches(2)
tb = slide.shapes.add_textbox(left, top, width, height)
tf = tb.text_frame
tf.text = "添加普通字体文本"

p = tf.add_paragraph()
p.text = "添加加粗字体文本"
p.font.bold = True

p = tf.add_paragraph()
p.text = "添加较大字体文本"
p.font.size = Pt(40)

p = tf.add_paragraph()
p.text = "添加倾斜字体文本"
p.font.italic = True

prs.save('添加文本 4.pptx')
```

运行上述代码，设置文本倾斜的效果如图 11-4 所示。

图 11-4　设置文本倾斜的效果

11.1.5　设置文本下画线

使用 Python-pptx 库，可以设置文本下画线，代码如下：

```
from pptx import Presentation
from pptx.util import Inches, Pt

prs = Presentation()
blank_slide_layout = prs.slide_layouts[6]
slide = prs.slides.add_slide(blank_slide_layout)

left = top = Inches(1)
width = height = Inches(2)
tb = slide.shapes.add_textbox(left, top, width, height)
tf = tb.text_frame
tf.text = "添加普通字体文本"

p = tf.add_paragraph()
p.text = "添加加粗字体文本"
p.font.bold = True

p = tf.add_paragraph()
p.text = "添加较大字体文本"
p.font.size = Pt(40)

p = tf.add_paragraph()
p.text = "添加倾斜字体文本"
p.font.italic = True

p = tf.add_paragraph()
p.text = "添加下画线字体文本"
p.font.underline = True

prs.save('添加文本5.pptx')
```

运行上述代码，设置文本下画线的效果如图 11-5 所示。

图 11-5　设置文本下画线的效果

11.1.6　设置文本颜色

使用 **Python-pptx** 库，可以设置文本颜色，代码如下：

```
from pptx import Presentation
from pptx.util import Inches, Pt
from pptx.enum.dml import MSO_THEME_COLOR
from pptx.dml.color import RGBColor

prs = Presentation()
blank_slide_layout = prs.slide_layouts[6]
slide = prs.slides.add_slide(blank_slide_layout)

left = top = Inches(1)
width = height = Inches(2)
tb = slide.shapes.add_textbox(left, top, width, height)
tf = tb.text_frame
tf.text = "添加普通字体文本"

p = tf.add_paragraph()
p.text = "添加加粗字体文本"
p.font.bold = True

p = tf.add_paragraph()
p.text = "添加较大字体文本"
p.font.size = Pt(40)

p = tf.add_paragraph()
p.text = "添加倾斜字体文本"
p.font.italic = True

p = tf.add_paragraph()
p.text = "添加下画线字体文本"
p.font.underline = True

p = tf.add_paragraph()
p.text = "添加颜色字体文本"
p.font.color.theme_color = MSO_THEME_COLOR.ACCENT_3

p = tf.add_paragraph()
p.text = "添加颜色字体文本"
```

```
p.font.color.rgb = RGBColor(0xFF, 0x7F, 0x50)
```

```
prs.save('添加文本 6.pptx')
```

运行上述代码，设置文本颜色的效果如图 11-6 所示。

图 11-6　设置文本颜色的效果

11.2　自动化制作图形

11.2.1　添加简单图形

使用 Python-pptx 库，可以向幻灯片中添加简单图形，代码如下：

```python
from pptx import Presentation
from pptx.chart.data import CategoryChartData
from pptx.enum.chart import XL_CHART_TYPE
from pptx.util import Inches
from pptx.util import Pt

#使用幻灯片创建演示文稿
prs = Presentation()
slide = prs.slides.add_slide(prs.slide_layouts[6])

#定义图表数据
chart_data = CategoryChartData()
chart_data.categories = ['第一季度', '第二季度', '第三季度']
chart_data.add_series('销售额', (218.91, 225.65, 210.13))

#为幻灯片添加图表
left, top, width, height = Inches(2), Inches(1.5), Inches(6), Inches(4.5)
graphic_frame = slide.shapes.add_chart(
    XL_CHART_TYPE.COLUMN_CLUSTERED, left, top, width, height, chart_data)
```

```
#为图形添加标题
chart = graphic_frame.chart                              #从创建的图表中取出图表类
chart.chart_style = 4                                    #设置图表整体颜色风格
chart.has_title = True                                   #设置图表是否含有标题，默认值为 False
chart.chart_title.text_frame.clear()                     #清除原标题
value_axis = chart.value_axis                            #value_axis 为 chart 的 value 控制类
value_axis.has_major_gridlines = False                   #是否显示纵轴线
new_paragraph = chart.chart_title.text_frame.add_paragraph()    #添加新标题
new_paragraph.text = '2020 年前三季度商品销售额分析'                  #设置新标题
new_paragraph.font.size = Pt(15)                         #设置新标题字号
```

```
prs.save('添加图形 1.pptx')
```

运行上述代码，添加简单图形的效果如图 11-7 所示。

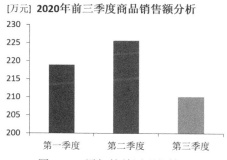

图 11-7　添加简单图形的效果

11.2.2　添加复杂图形

使用 **Python-pptx** 库，可以向幻灯片中添加复杂图形，代码如下：

```
from pptx import Presentation
from pptx.chart.data import CategoryChartData
from pptx.enum.chart import XL_CHART_TYPE
from pptx.util import Inches
from pptx.util import Pt


#使用幻灯片创建演示文稿
prs = Presentation()
slide = prs.slides.add_slide(prs.slide_layouts[6])


#定义图表数据
chart_data = CategoryChartData()
chart_data.categories = ['第一季度', '第二季度', '第三季度']
```

```
chart_data.add_series('华东', (19.2, 21.4, 16.7))
chart_data.add_series('华北', (22.3, 28.6, 15.2))
chart_data.add_series('西南', (20.4, 26.3, 14.2))

#为幻灯片添加图表
left, top, width, height = Inches(2), Inches(1.5), Inches(6), Inches(4.5)
graphic_frame = slide.shapes.add_chart(
    XL_CHART_TYPE.COLUMN_CLUSTERED, left, top, width, height, chart_data)

#为图形添加标题
chart = graphic_frame.chart                    #从创建的图表中取出图表类
chart.chart_style = 4                          #设置图表整体颜色风格
chart.has_title = True                         #设置图表是否含有标题，默认值为 False
chart.chart_title.text_frame.clear()           #清除原标题
value_axis = chart.value_axis                  #value_axis 为 chart 的 value 控制类
value_axis.has_major_gridlines = False         #是否显示纵轴线
new_paragraph = chart.chart_title.text_frame.add_paragraph()    #添加新标题
new_paragraph.text = '2020 年前三季度商品销售额分析'            #设置新标题
new_paragraph.font.size = Pt(15)               #设置新标题字号

prs.save('添加图形 2.pptx')
```

运行上述代码，添加复杂图形的效果如图 11-8 所示。

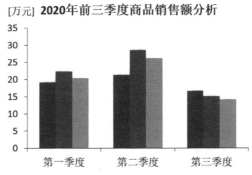

图 11-8　添加复杂图形的效果

11.2.3　添加图表图例

使用 Python-pptx 库，可以向幻灯片中添加图表图例，代码如下：

```
from pptx import Presentation
from pptx.chart.data import CategoryChartData
from pptx.enum.chart import XL_CHART_TYPE
```

```
from pptx.util import Inches
from pptx.util import Pt

#使用幻灯片创建演示文稿
prs = Presentation()
slide = prs.slides.add_slide(prs.slide_layouts[6])

#定义图表数据
chart_data = CategoryChartData()
chart_data.categories = ['第一季度', '第二季度', '第三季度']
chart_data.add_series('华东', (19.2, 21.4, 16.7))
chart_data.add_series('华北', (22.3, 28.6, 15.2))
chart_data.add_series('西南', (20.4, 26.3, 14.2))

#为幻灯片添加图表
left, top, width, height = Inches(2), Inches(1.5), Inches(6), Inches(4.5)
graphic_frame = slide.shapes.add_chart(
    XL_CHART_TYPE.COLUMN_CLUSTERED, left, top, width, height, chart_data)

#为图形添加标题
chart = graphic_frame.chart                    #从创建的图表中取出图表类
chart.chart_style = 4                          #设置图表整体颜色风格
chart.has_title = True                         #设置图表是否含有标题，默认值为 False
chart.chart_title.text_frame.clear()           #清除原标题
value_axis = chart.value_axis                  #value_axis 为 chart 的 value 控制类
value_axis.has_major_gridlines = False         #是否显示纵轴线
new_paragraph = chart.chart_title.text_frame.add_paragraph()   #添加新标题
new_paragraph.text = '2020 年前三季度商品销售额分析'              #设置新标题
new_paragraph.font.size = Pt(15)               #设置新标题字号

#添加图例
chart.has_legend = True                        #图表是否含有图例，默认值为 False
chart.legend.position = XL_LEGEND_POSITION.TOP            #设置图例位置

prs.save('添加图形 3.pptx')
```

　　运行上述代码，添加图表图例的效果如图 11-9 所示。

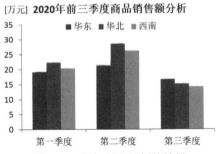

图 11-9　添加图表图例的效果

11.2.4　添加数据标签

使用 Python-pptx 库，可以给图形添加数据标签，代码如下：

```
from pptx import Presentation
from pptx.chart.data import CategoryChartData
from pptx.enum.chart import XL_CHART_TYPE
from pptx.util import Inches
from pptx.enum.chart import XL_LEGEND_POSITION
from pptx.dml.color import RGBColor
from pptx.enum.chart import XL_LABEL_POSITION
from pptx.util import Pt


#使用幻灯片创建演示文稿
prs = Presentation()
slide = prs.slides.add_slide(prs.slide_layouts[6])


#定义图表数据
chart_data = CategoryChartData()
chart_data.categories = ['第一季度', '第二季度', '第三季度']
chart_data.add_series('华东', (19.2, 21.4, 16.7))
chart_data.add_series('华北', (22.3, 28.6, 15.2))
chart_data.add_series('西南', (20.4, 26.3, 14.2))


#为幻灯片添加图表
left, top, width, height = Inches(2), Inches(1.5), Inches(6), Inches(4.5)
graphic_frame = slide.shapes.add_chart(
    XL_CHART_TYPE.COLUMN_CLUSTERED, left, top, width, height, chart_data)


#为图形添加标题
chart = graphic_frame.chart                    #从创建的图表中取出图表类
```

```
chart.chart_style = 4                          #设置图表整体颜色风格
chart.has_title = True                         #设置图表是否含有标题，默认值为 False
chart.chart_title.text_frame.clear()           #清除原标题
value_axis = chart.value_axis                  #value_axis 为 chart 的 value 控制类
value_axis.has_major_gridlines = False         #是否显示纵轴线
new_paragraph = chart.chart_title.text_frame.add_paragraph()   #添加新标题
new_paragraph.text = '2020 年前三季度商品销售额分析'              #设置新标题
new_paragraph.font.size = Pt(15)               #设置新标题字号

#添加图例
chart.has_legend = True                        #图表是否含有图例，默认值为 False
chart.legend.position = XL_LEGEND_POSITION.TOP             #设置图例位置

#添加数据标签
plot = chart.plots[0]                          #取图表中第一个 plot
plot.has_data_labels = True                    #是否显示数据标签
data_labels = plot.data_labels                 #数据标签控制类
data_labels.font.size = Pt(13)                 #设置字号

prs.save('添加图形 4.pptx')
```

运行上述代码，添加数据标签的效果如图 11-10 所示。

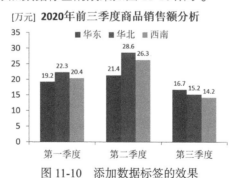

图 11-10　添加数据标签的效果

11.2.5　自定义数据标签

使用 Python-pptx 库，可以给图形自定义数据标签，代码如下：

```
from pptx import Presentation
from pptx.chart.data import CategoryChartData
from pptx.enum.chart import XL_CHART_TYPE
from pptx.util import Inches
from pptx.enum.chart import XL_LEGEND_POSITION
```

```
from pptx.dml.color import RGBColor
from pptx.enum.chart import XL_LABEL_POSITION
from pptx.util import Pt

#使用幻灯片创建演示文稿
prs = Presentation()
slide = prs.slides.add_slide(prs.slide_layouts[6])

#定义图表数据
chart_data = CategoryChartData()
chart_data.categories = ['第一季度', '第二季度', '第三季度']
chart_data.add_series('华东', (19.2, 21.4, 16.7))
chart_data.add_series('华北', (22.3, 28.6, 15.2))
chart_data.add_series('西南', (20.4, 26.3, 14.2))

#为幻灯片添加图表
left, top, width, height = Inches(2), Inches(1.5), Inches(6), Inches(4.5)
graphic_frame = slide.shapes.add_chart(
    XL_CHART_TYPE.COLUMN_CLUSTERED, left, top, width, height, chart_data)

#为图形添加标题
chart = graphic_frame.chart                              #从创建的图表中取出图表类
chart.chart_style = 4                                    #设置图表整体颜色风格
chart.has_title = True                                   #设置图表是否含有标题，默认值为 False
chart.chart_title.text_frame.clear()                     #清除原标题
value_axis = chart.value_axis                            #value_axis 为 chart 的 value 控制类
value_axis.has_major_gridlines = False                   #是否显示纵轴线
new_paragraph = chart.chart_title.text_frame.add_paragraph()   #添加新标题
new_paragraph.text = '2020 年前三季度商品销售额分析'          #设置新标题
new_paragraph.font.size = Pt(15)                         #设置新标题字号

#添加图例
chart.has_legend = True                                  #图表是否含有图例，默认值为 False
chart.legend.position = XL_LEGEND_POSITION.TOP           #设置图例位置

#添加数据标签
plot = chart.plots[0]                                    #取图表中第一个 plot
plot.has_data_labels = True                              #是否显示数据标签
data_labels = plot.data_labels                           #数据标签控制类
data_labels.font.size = Pt(13)                           #设置字号
```

```
#设置数据标签颜色和位置
data_labels.font.color.rgb = RGBColor(0x0A, 0x42, 0x80)    #设置标签颜色
data_labels.position = XL_LABEL_POSITION.CENTER            #设置标签位置

prs.save('添加图形 5.pptx')
```

运行上述代码，自定义数据标签的效果如图 11-11 所示。

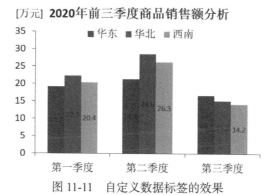

图 11-11　自定义数据标签的效果

11.2.6　添加复合图形

使用 Python-pptx 库，可以向幻灯片中添加复合图形，代码如下：

```
from pptx import Presentation
from pptx.chart.data import ChartData
from pptx.enum.chart import XL_CHART_TYPE
from pptx.util import Inches
#from pptx.enum.chart import XL_TICK_MARK
from pptx.util import Pt
from pptx.dml.color import RGBColor
from pptx.enum.chart import XL_LABEL_POSITION
from pptx.enum.chart import XL_LEGEND_POSITION
from pptx.chart.data import BubbleChartData

prs = Presentation()
slide = prs.slides.add_slide(prs.slide_layouts[6])

#左上方柱形图
x, y, cx, cy = Inches(0.5), Inches(0.5), Inches(4.5), Inches(3.5)
chart_data = ChartData()
chart_data.categories = ['7 月订单量', '8 月订单量', '9 月订单量']
```

```python
chart_data.add_series('订单量对比', (689,655,615))

graphic_frame = slide.shapes.add_chart(
  XL_CHART_TYPE.COLUMN_CLUSTERED, x, y, cx, cy, chart_data)

chart = graphic_frame.chart
chart.chart_style = 4
chart.has_title = True
chart.chart_title.text_frame.clear()

new_paragraph = chart.chart_title.text_frame.add_paragraph()
new_paragraph.text = '第三季度订单量分析'
new_paragraph.font.size = Pt(13)

category_axis = chart.category_axis
category_axis.has_major_gridlines = False
value_axis = chart.value_axis
value_axis.has_major_gridlines = False
category_axis.tick_labels.font.italic = True
category_axis.tick_labels.font.size = Pt(13)
category_axis.tick_labels.font.color.rgb = RGBColor(255, 0, 0)

value_axis = chart.value_axis
value_axis.maximum_scale = 700.0
value_axis.minimum_scale = 600.0

tick_labels = value_axis.tick_labels
tick_labels.number_format = '0'
tick_labels.font.bold = True
tick_labels.font.size = Pt(13)
tick_labels.font.color.rgb = RGBColor(0, 255, 0)

plot = chart.plots[0]
plot.has_data_labels = True
data_labels = plot.data_labels
data_labels.font.size = Pt(13)
data_labels.font.color.rgb = RGBColor(0, 0, 255)
data_labels.position = XL_LABEL_POSITION.OUTSIDE_END


#右上方折线图
```

```
x, y, cx, cy = Inches(5.5), Inches(0.5), Inches(4), Inches(3)
chart_data = CategoryChartData()

chart_data.categories = ['7月', '8月', '9月']
chart_data.add_series('退单量', (32, 28, 34))

chart = slide.shapes.add_chart(
    XL_CHART_TYPE.LINE, x, y, cx, cy, chart_data
).chart

chart.has_legend = False
chart.has_title = True
chart.chart_title.text_frame.clear()
new_title = chart.chart_title.text_frame.add_paragraph()
new_title.text = '第三季度退单量分析'
new_title.font.size = Pt(13)


#左下方饼图
x, y, cx, cy = Inches(0.5), Inches(4), Inches(4), Inches(3)
chart_data = ChartData()
chart_data.categories = ['价格', '服务', '质量', '其他']
chart_data.add_series('退单原因分析', (0.29, 0.15, 0.35, 0.21))
chart = slide.shapes.add_chart(
  XL_CHART_TYPE.PIE, x, y, cx, cy, chart_data
).chart

chart.chart_style = 4
chart.has_legend = True
chart.legend.position = XL_LEGEND_POSITION.RIGHT

chart.plots[0].has_data_labels = True
data_labels = chart.plots[0].data_labels
data_labels.number_format = '0%'
data_labels.position = XL_LABEL_POSITION.OUTSIDE_END

chart.has_title = True
chart.chart_title.text_frame.clear()
new_paragraph = chart.chart_title.text_frame.add_paragraph()
new_paragraph.text = '第三季度退单原因分析'
new_paragraph.font.size = Pt(13)
```

```
#右下方气泡图
left, top, width, height = Inches(5.5), Inches(4), Inches(4), Inches(3)
chart_data = BubbleChartData()
series_1 = chart_data.add_series('订单量与退单量')
series_1.add_data_point(689,32,4.64)
series_1.add_data_point(655,28,4.27)
series_1.add_data_point(615,34,5.53)

chart = slide.shapes.add_chart(
    XL_CHART_TYPE.BUBBLE, left, top, width, height, chart_data
).chart
chart.has_legend = False
chart.has_title = True
chart.chart_title.text_frame.clear()
new_paragraph = chart.chart_title.text_frame.add_paragraph()
new_paragraph.text = '订单量与退单量散点图'
new_paragraph.font.size = Pt(13)

value_axis = chart.value_axis
value_axis.maximum_scale = 50.0
value_axis.minimum_scale = 0.0

prs.save('添加图形6.pptx')
```

运行上述代码，添加复合图形的效果如图 11-12 所示。

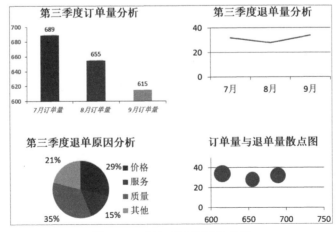

图 11-12　添加复合图形的效果

11.3　自动化制作表格

11.3.1　添加自定义表格

使用 Python-pptx 库，可以向幻灯片中添加自定义表格，代码如下：

```
from pptx import Presentation
from pptx.util import Pt,Cm
from pptx.dml.color import RGBColor
from pptx.enum.text import MSO_ANCHOR
from pptx.enum.text import PP_ALIGN

#获取 slide 对象
prs = Presentation()
slide = prs.slides.add_slide(prs.slide_layouts[6])

#设置表格位置和大小
left, top, width, height = Cm(5.5), Cm(6), Cm(13.6), Cm(5)

#设置表格行数、列数及其大小
shape = slide.shapes.add_table(6, 5, left, top, width, height)

prs.save('添加表格 1.pptx')
```

运行上述代码，添加自定义表格的效果如图 11-13 所示。

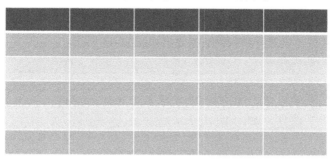

图 11-13　添加自定义表格的效果

11.3.2　设置行高和列宽

使用 Python-pptx 库，可以对表格设置行高和列宽，代码如下：

```
from pptx import Presentation
from pptx.util import Pt,Cm
```

```
from pptx.dml.color import RGBColor
from pptx.enum.text import MSO_ANCHOR
from pptx.enum.text import PP_ALIGN

#获取 slide 对象
prs = Presentation()
slide = prs.slides.add_slide(prs.slide_layouts[6])

#设置表格位置和大小
left, top, width, height = Cm(5), Cm(6), Cm(13.6), Cm(5)

#设置表格行数、列数及其大小
shape = slide.shapes.add_table(6, 5, left, top, width, height)

#获取 table 对象
table = shape.table

#设置行高和列宽
table.rows[0].height = Cm(1)
table.columns[0].width = Cm(3)
table.columns[1].width = Cm(4.1)
table.columns[2].width = Cm(4.1)
table.columns[3].width = Cm(3.5)
table.columns[4].width = Cm(3.5)
```

```
prs.save('添加表格 2.pptx')
```
　　运行上述代码，设置行高和列宽的效果如图 11-14 所示。

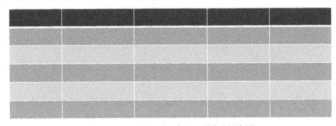

图 11-14　设置行高和列宽的效果

11.3.3　合并表格首行

　　使用 Python-pptx 库，可以合并表格首行，代码如下：

```
from pptx import Presentation
```

```
from pptx.util import Pt,Cm
from pptx.dml.color import RGBColor
from pptx.enum.text import MSO_ANCHOR
from pptx.enum.text import PP_ALIGN

#获取 slide 对象
prs = Presentation()
slide = prs.slides.add_slide(prs.slide_layouts[6])

#设置表格位置和大小
left, top, width, height = Cm(5), Cm(6), Cm(13.6), Cm(5)

#设置表格行数、列数及其大小
shape = slide.shapes.add_table(6, 5, left, top, width, height)

#获取 table 对象
table = shape.table

#设置行高和列宽
table.rows[0].height = Cm(1)
table.columns[0].width = Cm(3)
table.columns[1].width = Cm(4.1)
table.columns[2].width = Cm(4.1)
table.columns[3].width = Cm(3.5)
table.columns[4].width = Cm(3.5)

#合并表格首行
table.cell(0, 0).merge(table.cell(0, 4))

prs.save('添加表格 3.pptx')
```

运行上述代码，合并表格首行的效果如图 11-15 所示。

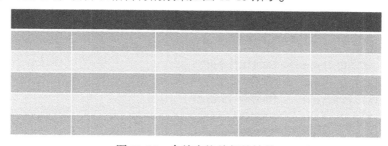

图 11-15　合并表格首行的效果

11.3.4　设置表格标题

使用 Python-pptx 库，可以设置表格标题，代码如下：

```python
from pptx import Presentation
from pptx.util import Pt,Cm
from pptx.dml.color import RGBColor
from pptx.enum.text import MSO_ANCHOR
from pptx.enum.text import PP_ALIGN

#获取 slide 对象
prs = Presentation()
slide = prs.slides.add_slide(prs.slide_layouts[6])

#设置表格位置和大小
left, top, width, height = Cm(5), Cm(6), Cm(13.6), Cm(5)

#设置表格行数、列数及其大小
shape = slide.shapes.add_table(6, 5, left, top, width, height)

#获取 table 对象
table = shape.table

#设置行高和列宽
table.rows[0].height = Cm(1)
table.columns[0].width = Cm(3)
table.columns[1].width = Cm(4.1)
table.columns[2].width = Cm(4.1)
table.columns[3].width = Cm(3.5)
table.columns[4].width = Cm(3.5)

#合并表格首行
table.cell(0, 0).merge(table.cell(0, 4))

#设置表格标题
table.cell(0, 0).text = "企业运营分析"
table.cell(1, 0).text = "日期"
table.cell(1, 1).text = "销售额(万元)"
table.cell(1, 2).text = "利润额(万元)"
table.cell(1, 3).text = "订单量(个)"
table.cell(1, 4).text = "退单量(个)"
```

```
prs.save('添加表格 4.pptx')
```

　　运行上述代码，设置表格标题的效果如图 11-16 所示。

图 11-16　设置表格标题的效果

11.3.5　添加变量数据

　　使用 **Python-pptx** 库，可以为表格添加变量数据，代码如下：

```
from pptx import Presentation
from pptx.util import Pt,Cm
from pptx.dml.color import RGBColor
from pptx.enum.text import MSO_ANCHOR
from pptx.enum.text import PP_ALIGN

#获取 slide 对象
prs = Presentation()
slide = prs.slides.add_slide(prs.slide_layouts[6])

#设置表格位置和大小
left, top, width, height = Cm(5), Cm(6), Cm(13.6), Cm(5)

#设置表格行数、列数及其大小
shape = slide.shapes.add_table(6, 5, left, top, width, height)

#获取 table 对象
table = shape.table

#设置行高和列宽
table.rows[0].height = Cm(1)
table.columns[0].width = Cm(3)
table.columns[1].width = Cm(4.1)
table.columns[2].width = Cm(4.1)
table.columns[3].width = Cm(3.5)
table.columns[4].width = Cm(3.5)
```

```python
#合并表格首行
table.cell(0, 0).merge(table.cell(0, 4))

#设置表格标题
table.cell(0, 0).text = "企业运营分析"
table.cell(1, 0).text = "日期"
table.cell(1, 1).text = "销售额(万元)"
table.cell(1, 2).text = "利润额(万元)"
table.cell(1, 3).text = "订单量(个)"
table.cell(1, 4).text = "退单量(个)"

#输入变量数据
content_arr = [["第一季度", "218.91", "10.33", "1989", "89"],
               ["第二季度", "225.65", "10.19", "1928", "91"],
               ["第三季度", "210.13", "10.26", "1959", "94"],
               ["第四季度", "228.08", "11.52", "2019", "95"]]
for rows in range(6):
    for cols in range(5):
        if rows >= 2:
            table.cell(rows, cols).text = content_arr[rows - 2][cols]
            table.cell(rows, cols).text_frame.paragraphs[0].font.size = Pt(13)
            table.cell(rows,  cols).text_frame.paragraphs[0].font.color.rgb
= RGBColor(0, 0, 0)
            table.cell(rows, cols).text_frame.paragraphs[0].alignment = PP_
ALIGN.CENTER
            table.cell(rows, cols).vertical_anchor = MSO_ANCHOR.MIDDLE
            table.cell(rows, cols).fill.solid()
            table.cell(rows, cols).fill.fore_color.rgb = RGBColor(204, 217,
225)
        else:
            pass
prs.save('添加表格5.pptx')
```

运行上述代码，添加变量数据的效果如图 11-17 所示。

企业运营分析				
日期	销售额(万元)	利润额(万元)	订单量(个)	退单量(个)
第一季度	218.91	10.33	1989	89
第二季度	225.65	10.19	1928	91
第三季度	210.13	10.26	1959	94
第四季度	228.08	11.52	2019	95

图 11-17　添加变量数据的效果

11.3.6　修改表格样式

使用 **Python-pptx** 库，可以修改表格样式，代码如下：

```
from pptx import Presentation
from pptx.util import Pt,Cm
from pptx.dml.color import RGBColor
from pptx.enum.text import MSO_ANCHOR
from pptx.enum.text import PP_ALIGN

#获取 slide 对象
prs = Presentation()
slide = prs.slides.add_slide(prs.slide_layouts[6])

#设置表格位置和大小
left, top, width, height = Cm(5), Cm(6), Cm(13.6), Cm(5)

#设置表格行数、列数及其大小
shape = slide.shapes.add_table(6, 5, left, top, width, height)

#获取 table 对象
table = shape.table

#设置行高和列宽
table.rows[0].height = Cm(1)
table.columns[0].width = Cm(3)
table.columns[1].width = Cm(3.1)
table.columns[2].width = Cm(3.1)
table.columns[3].width = Cm(3)
table.columns[4].width = Cm(3)

#合并表格首行
table.cell(0, 0).merge(table.cell(0, 4))

#设置表格标题
table.cell(0, 0).text = "企业运营分析"
table.cell(1, 0).text = "日期"
table.cell(1, 1).text = "销售额(万元)"
table.cell(1, 2).text = "利润额(万元)"
table.cell(1, 3).text = "订单量(个)"
table.cell(1, 4).text = "退单量(个)"
```

```python
#输入变量数据
content_arr = [["第一季度", "218.91", "10.33", "1989", "89"],
               ["第二季度", "225.65", "10.19", "1928", "91"],
               ["第三季度", "210.13", "10.26", "1959", "94"],
               ["第四季度", "228.08", "11.52", "2019", "95"]]


#修改表格样式
for rows in range(6):
    for cols in range(5):
        if rows == 0:
            #设置文字大小
            table.cell(rows, cols).text_frame.paragraphs[0].font.size = Pt(16)
            #设置文字颜色
            table.cell(rows, cols).text_frame.paragraphs[0].font.color.rgb = RGBColor(255, 255, 255)
            #设置文字左右对齐
            table.cell(rows, cols).text_frame.paragraphs[0].alignment = PP_ALIGN.CENTER
            #设置文字上下对齐
            table.cell(rows, cols).vertical_anchor = MSO_ANCHOR.MIDDLE
            table.cell(rows, cols).fill.solid()        #填充背景
            #设置背景颜色
            table.cell(rows, cols).fill.fore_color.rgb = RGBColor(34, 134, 165)
        elif rows == 1:
            table.cell(rows, cols).text_frame.paragraphs[0].font.size = Pt(13)
            table.cell(rows, cols).text_frame.paragraphs[0].font.color.rgb = RGBColor(0, 0, 0)
            table.cell(rows, cols).text_frame.paragraphs[0].alignment = PP_ALIGN.CENTER
            table.cell(rows, cols).vertical_anchor = MSO_ANCHOR.MIDDLE
            table.cell(rows, cols).fill.solid()
            table.cell(rows, cols).fill.fore_color.rgb = RGBColor(204, 217, 225)
        else:
            table.cell(rows, cols).text = content_arr[rows - 2][cols]
            table.cell(rows, cols).text_frame.paragraphs[0].font.size = Pt(13)
            table.cell(rows, cols).text_frame.paragraphs[0].font.color.rgb = RGBColor(0, 0, 0)
            table.cell(rows, cols).text_frame.paragraphs[0].alignment = PP_
```

ALIGN.CENTER

```
        table.cell(rows, cols).vertical_anchor = MSO_ANCHOR.MIDDLE
        table.cell(rows, cols).fill.solid()
        table.cell(rows, cols).fill.fore_color.rgb = RGBColor(204, 217,
225)
```

prs.save('添加表格 6.pptx')

运行上述代码，修改表格样式的效果如图 11-18 所示。

企业运营分析				
日期	销售额(万元)	利润额(万元)	订单量(个)	退单量(个)
第一季度	218.91	10.33	1989	89
第二季度	225.65	10.19	1928	91
第三季度	210.13	10.26	1959	94
第四季度	228.08	11.52	2019	95

图 11-18　修改表格样式的效果

11.4　自动化制作形状

11.4.1　形状对象简介

幻灯片最大的特点就是把复杂冗长的文字图示化，帮助读者迅速理解你的意思。而形状作为幻灯片的元素，是将文字图示化最有力的工具。打开 PowerPoint 文件，切换到"插入"选项卡，在"插图"选项组中单击"形状"下拉按钮，弹出形状下拉列表，包括线条、矩形、基本形状、箭头总汇、公式形状、流程图、星与旗帜、标注、动作按钮九大类形状，如图 11-19 所示。

形状对象主要有以下 4 种的作用。

1．装饰页面

在图形中添加一些形状，可以起到装饰的作用，让整个画面显得更加活泼、生动。利用各种形状组合出各种图形，也可以起到装饰的作用，让画面显得不枯燥。

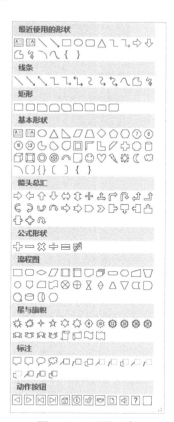

图 11-19　形状对象

2．引导视线

在图形中添加一些形状，可以引导读者的视线，从而强调幻灯片中的某些重点内容，这种做法在实际工作中的应用十分普遍。

3．连接元素

箭头总汇、公式形状、流程图、星与旗帜、标注、动作按钮六大类形状可以起到连接元素的作用，看到这些形状，就能知道它们是如何连接的。

4．分隔元素

可以用形状对小标题和内容等进行区分，此外利用形状，还可以将文字放置在统一的容器里，互相区分，否则，堆在一起，很容造成易混乱。

在 Python-pptx 库中，也有丰富的形状，目前已有约 200 种形状可供选择，如图 11-20 所示。

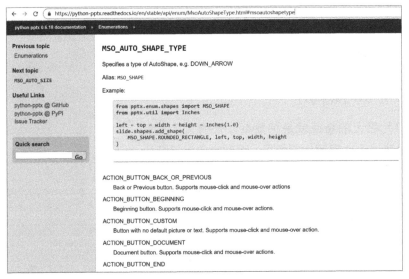

图 11-20　Python-pptx 库中的形状类型

11.4.2　添加单个形状

使用 Python-pptx 库，可以方便地向幻灯片中添加单个形状，代码如下：

```
from pptx import Presentation
from pptx.enum.shapes import MSO_SHAPE
from pptx.util import Inches
```

```
prs = Presentation()
title_only_slide_layout = prs.slide_layouts[5]
slide = prs.slides.add_slide(title_only_slide_layout)
shapes = slide.shapes

left = Inches(3.5)
top = Inches(1.8)
width = Inches(2.9)
height = Inches(2.5)

shape = shapes.add_shape(MSO_SHAPE.CLOUD_CALLOUT, left, top, width, height)
shape.text = '云标注'

prs.save('添加形状 1.pptx')
```

运行上述代码，添加单个形状的效果如图 11-21 所示。

图 11-21　添加单个形状的效果

11.4.3　添加多个相同形状

使用 Python-pptx 库，利用 for 循环语句，可以向幻灯片中添加多个相同形状，代码如下：

```
from pptx import Presentation
from pptx.enum.shapes import MSO_SHAPE
from pptx.util import Inches

prs = Presentation()
title_only_slide_layout = prs.slide_layouts[5]
slide = prs.slides.add_slide(title_only_slide_layout)
shapes = slide.shapes

left = Inches(1.2)
top = Inches(3.0)
```

```
width = Inches(1.8)
height = Inches(1.8)

for n in range(1, 5):
    shape = shapes.add_shape(MSO_SHAPE.CLOUD_CALLOUT, left, top, width,
height)
    shape.text = '云标注 %d' % n
    left = left + width + Inches(0.1)

prs.save('添加形状 2.pptx')
```

运行上述代码，添加多个相同形状的效果如图 11-22 所示。

图 11-22　添加多个相同形状的效果

11.4.4　添加多个不同形状

使用 Python-pptx 库，利用 add_shape() 函数可以向幻灯片中添加多个不同形状，代码如下：

```
from pptx import Presentation
from pptx.enum.shapes import MSO_SHAPE
from pptx.util import Inches

prs = Presentation()
title_only_slide_layout = prs.slide_layouts[5]
slide = prs.slides.add_slide(title_only_slide_layout)
shapes = slide.shapes

left = Inches(1.3)
top = Inches(3.0)
width = Inches(2.5)
height = Inches(2.0)

shape = shapes.add_shape(MSO_SHAPE.CLOUD_CALLOUT, left, top, width, height)
shape.text = '云标注'
```

```
left = Inches(3.9)
top = Inches(3.0)
width = Inches(2.5)
height = Inches(2.0)

shape  =  shapes.add_shape(MSO_SHAPE.STAR_24_POINT,  left,  top,  width,
height)
shape.text = '星形'

left = Inches(6.5)
top = Inches(3.0)
width = Inches(2.5)
height = Inches(2.0)

shape = shapes.add_shape(MSO_SHAPE.SUN, left, top, width, height)
shape.text = '太阳'
```

```
prs.save('添加形状 3.pptx')
```
运行上述代码，添加多个不同形状的效果如图 11-23 所示。

图 11-23　添加多个不同形状的效果

11.5　上机实践题

练习 1：使用 Python-pptx 库，在幻灯片中添加 2020 年 10 月不同地区客户满意度的统计表。

练习 2：使用 Python-pptx 库，在幻灯片中添加 2020 年 10 月客户退单主要原因的饼图。

第 12 章

利用 Python 制作企业运营月报幻灯片

月度运营分析是指从每月的报表里提取出与公司生产运营相关的数据或图表，其可以反映公司目前存在的问题，并且通常通过幻灯片的形式展示给公司的中高级管理人员。

本章以某电商企业为例，详细介绍如何利用 Python 制作企业运营月报幻灯片，包括商品销售分析报告、客户留存分析报告两部分。

12.1　制作商品销售分析报告

12.1.1　制作销售额分析

使用 Python-pptx 库，对企业在 2020 年 10 月的销售额进行分析，代码如下：

```
from pptx import Presentation
from pptx.chart.data import CategoryChartData
from pptx.enum.chart import XL_CHART_TYPE
from pptx.util import Inches
from pptx.util import Pt
from pptx.chart.data import ChartData
from pptx.enum.chart import XL_LABEL_POSITION
from pptx.enum.chart import XL_LEGEND_POSITION


prs = Presentation()
slide = prs.slides.add_slide(prs.slide_layouts[1])
title_shape = slide.shapes.title
title_shape.text = '企业运营月报'
subtitle = slide.shapes.placeholders[1]
subtitle.text = '1.商品销售额分析'

body_shape = slide.shapes.placeholders
new_paragraph = body_shape[1].text_frame.add_paragraph()
new_paragraph.text = '在 2020 年 10 月，企业每日商品的销售额基本呈现上升的趋势，其中
月初销售额最少不到 10 万元，月末销售额最多超过 20 万元。'
new_paragraph.font.bold = False
new_paragraph.font.italic = False
new_paragraph.font.size = Pt(20)
new_paragraph.font.underline = False
new_paragraph.level = 1


chart_data = CategoryChartData()
chart_data.categories = ['1 日','2 日','3 日','4 日','5 日','6 日','7 日','8 日',
'9 日','10 日','11 日','12 日','13 日','14 日','15 日','16 日','17 日','18 日',
'19 日','20 日','21 日','22 日','23 日','24 日','25 日','26 日','27 日','28 日',
'29 日','30 日','31 日']
chart_data.add_series('2020 年 10 月销售额分析', (10.7,9.3,10.6,10.9,11.7,12.
7,12.5,13.9,13.8,14.0,13.5,13.9,14.2,14.1,14.4,14.5,14.7,14.6,14.8,14.9,
15.3,15.6,15.8,16.2,16.3,17.1,17.7,18.8,19.2,20.7,21.2))
```

```
left, top, width, height = Inches(1.5), Inches(3.2), Inches(6.5), Inches(3.5)
chart = slide.shapes.add_chart(
    XL_CHART_TYPE.LINE, left, top, width, height, chart_data).chart
chart.has_legend = False

prs.save('商品销售分析1.pptx')
```

运行上述代码，幻灯片效果如图 12-1 所示。

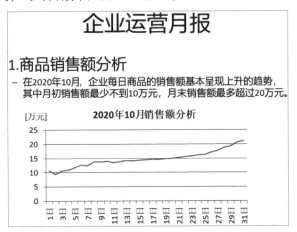

图 12-1　幻灯片效果

12.1.2　制作订单量分析

使用 Python-pptx 库，对企业在 2020 年 10 月的订单量进行分析，代码如下：

```
from pptx import Presentation
from pptx.chart.data import CategoryChartData
from pptx.enum.chart import XL_CHART_TYPE
from pptx.util import Inches
from pptx.util import Pt
from pptx.chart.data import ChartData
from pptx.enum.chart import XL_LABEL_POSITION
from pptx.enum.chart import XL_LEGEND_POSITION

prs = Presentation()
slide = prs.slides.add_slide(prs.slide_layouts[1])
title_shape = slide.shapes.title
title_shape.text = '企业运营月报'
subtitle = slide.shapes.placeholders[1]
```

```
subtitle.text = '2.商品订单量分析'

body_shape = slide.shapes.placeholders
new_paragraph = body_shape[1].text_frame.add_paragraph()
new_paragraph.text = '在 2020 年 10 月，商品的订单量，按客户类型划分主要是消费者，其次
是小型企业；按地区划分华东地区最多，其次是华南地区。'
new_paragraph.font.bold = False
new_paragraph.font.italic = False
new_paragraph.font.size = Pt(20)
new_paragraph.font.underline = False
new_paragraph.level = 1

left, top, width, height = Inches(2), Inches(3.2), Inches(5.5), Inches(4)
chart_data = ChartData()
chart_data.categories = ['华东', '华北', '华南', '东北', '西南', '西北']
chart_data.add_series('公司', (92,84,85,90,71,81))
chart_data.add_series('消费者', (131,122,133,128,121,129))
chart_data.add_series('小型企业', (118,92,104,97,106,103))
chart = slide.shapes.add_chart(
  XL_CHART_TYPE.BAR_CLUSTERED, left, top, width, height, chart_data).chart

chart.chart_style = 4
chart.has_legend = True
chart.legend.position = XL_LEGEND_POSITION.TOP
chart.legend.include_in_layout = False
chart.legend.horz_offset = 0                      #说明位移量默认值为 0

chart.plots[0].has_data_labels = True             #是否写入数值
chart.plots[0].has_legend = True
data_labels = chart.plots[0].data_labels
data_labels.position = XL_LABEL_POSITION.OUTSIDE_END  #数值布局方式

prs.save('商品销售分析 2.pptx')
```

运行上述代码，幻灯片效果如图 12-2 所示。

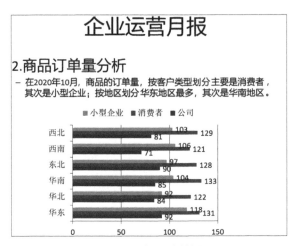

图 12-2　幻灯片效果

12.1.3　制作退单量分析

使用 Python-pptx 库，对企业在 2020 年 10 月的退单量进行分析，代码如下：

```
from pptx import Presentation
from pptx.chart.data import CategoryChartData
from pptx.enum.chart import XL_CHART_TYPE
from pptx.util import Inches
from pptx.util import Pt
from pptx.chart.data import ChartData
from pptx.enum.chart import XL_LABEL_POSITION
from pptx.enum.chart import XL_LEGEND_POSITION


prs = Presentation()
slide = prs.slides.add_slide(prs.slide_layouts[1])
title_shape = slide.shapes.title
title_shape.text = '企业运营月报'
subtitle = slide.shapes.placeholders[1]
subtitle.text = '3.商品退单量分析'


body_shape = slide.shapes.placeholders
new_paragraph = body_shape[1].text_frame.add_paragraph()
new_paragraph.text = '在 2020 年 10 月，商品的退单量，按客户类型划分主要是公司，其次
是消费者；按地区划分西北地区最多，其次是华南地区。'
new_paragraph.font.bold = False
new_paragraph.font.italic = False
```

```
new_paragraph.font.size = Pt(20)
new_paragraph.font.underline = False
new_paragraph.level = 1


left, top, width, height = Inches(2), Inches(3.2), Inches(5.5), Inches(3.5)
chart_data = ChartData()
chart_data.categories = ['华东', '华北', '华南','东北', '西南', '西北']
chart_data.add_series('公司', (19,17,23,17,11,26))
chart_data.add_series('消费者', (13,11,19,18,15,19))
chart_data.add_series('小型企业', (18,17,16,14,10,17))
chart = slide.shapes.add_chart(
  XL_CHART_TYPE.COLUMN_STACKED, left, top, width, height, chart_data).chart


chart.chart_style = 4
chart.has_legend = True
chart.legend.position = XL_LEGEND_POSITION.TOP
chart.legend.include_in_layout = False
chart.legend.horz_offset = 0                #说明位移量默认值为 0


chart.plots[0].has_data_labels = True
chart.plots[0].has_legend = True
data_labels = chart.plots[0].data_labels
data_labels.position = XL_LABEL_POSITION.INSIDE_END


prs.save('商品销售分析 3.pptx')
```

运行上述代码，幻灯片效果如图 12-3 所示。

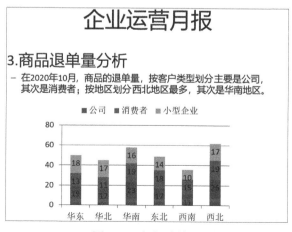

图 12-3　幻灯片效果

12.2 制作客户留存分析报告

12.2.1 制作新增客户数量

使用 Python-pptx 库，对企业在 2020 年 10 月的新增客户数量进行分析，代码如下：

```python
from pptx import Presentation
from pptx.chart.data import CategoryChartData
from pptx.enum.chart import XL_CHART_TYPE
from pptx.util import Inches
from pptx.util import Pt
from pptx.chart.data import ChartData
from pptx.enum.chart import XL_LABEL_POSITION
from pptx.enum.chart import XL_LEGEND_POSITION


prs = Presentation()
slide = prs.slides.add_slide(prs.slide_layouts[1])
title_shape = slide.shapes.title
title_shape.text = '企业运营月报'
subtitle = slide.shapes.placeholders[1]
subtitle.text = '4.新增客户数量分析'


body_shape = slide.shapes.placeholders
new_paragraph = body_shape[1].text_frame.add_paragraph()
new_paragraph.text = '在 2020 年 10 月，每日新增客户数量基本为 100 人～150 人，每日
流失客户数量基本为 10 人～50 人。'
new_paragraph.font.bold = False
new_paragraph.font.italic = False
new_paragraph.font.size = Pt(20)
new_paragraph.font.underline = False
new_paragraph.level = 1


chart_data = CategoryChartData()
chart_data.categories = ['1 日','2 日','3 日','4 日','5 日','6 日','7 日','8 日
','9 日','10 日','11 日','12 日','13 日','14 日','15 日','16 日','17 日','18 日
','19 日','20 日','21 日','22 日','23 日','24 日','25 日','26 日','27 日','28 日
','29 日','30 日','31 日']
chart_data.add_series('新增客户', (117,143,116,146,127,117,115,139,138,
140,115,109,102,121,124,107,147,112,100,139,149,130,132,112,112,111,107,
118,112,137,102))
```

```
chart_data.add_series('流失客户', (46,17,36,44,44,35,31,18,17,48,48,38,20,
47,33,20,32,14,25,47,33,16,48,35,31,27,28,15,10,41,18))

left, top, width, height = Inches(1.5), Inches(3.2), Inches(7), Inches(3.5)
chart = slide.shapes.add_chart(
    XL_CHART_TYPE.LINE, left, top, width, height, chart_data).chart
chart.chart_style = 4

prs.save('客户留存分析 1.pptx')
```

运行上述代码，幻灯片效果如图 12-4 所示。

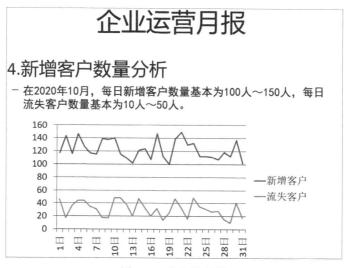

图 12-4　幻灯片效果

12.2.2　制作客户留存率

使用 **Python-pptx** 库，对企业在 2020 年 10 月的客户留存率进行分析，代码如下：

```
from pptx import Presentation
from pptx.chart.data import CategoryChartData
from pptx.enum.chart import XL_CHART_TYPE
from pptx.util import Inches
from pptx.util import Pt
from pptx.chart.data import ChartData
from pptx.enum.chart import XL_LABEL_POSITION
from pptx.enum.chart import XL_LEGEND_POSITION

prs = Presentation()
```

```
slide = prs.slides.add_slide(prs.slide_layouts[1])
title_shape = slide.shapes.title
title_shape.text = '企业运营月报'
subtitle = slide.shapes.placeholders[1]
subtitle.text = '5.客户留存率分析'

body_shape = slide.shapes.placeholders
new_paragraph = body_shape[1].text_frame.add_paragraph()
new_paragraph.text = '在2020年10月，客户留存率最高的是华东地区，为29.16%，其次
是华南地区，为23.15%，留存率最低的是东北地区，仅为8.18%。'
new_paragraph.font.bold = False
new_paragraph.font.italic = False
new_paragraph.font.size = Pt(20)
new_paragraph.font.underline = False
new_paragraph.level = 1

left, top, width, height = Inches(2), Inches(3.2), Inches(5.5),
Inches(3.5)
chart_data = ChartData()
chart_data.categories = ['华东', '华北', '华南','东北', '西南', '西北']
chart_data.add_series('各地区客户留存率', (0.2916,0.1381,0.2315,0.0818,
0.1759,0.1269))
chart = slide.shapes.add_chart(
  XL_CHART_TYPE.COLUMN_CLUSTERED, left, top, width, height, chart_data
).chart

chart.chart_style = 4
chart.plots[0].has_data_labels = True
chart.plots[0].has_legend = True
data_labels = chart.plots[0].data_labels
data_labels.number_format = '0.00%'
data_labels.position = XL_LABEL_POSITION.INSIDE_END

prs.save('客户留存分析2.pptx')
```
　　运行上述代码，幻灯片效果如图 12-5 所示。

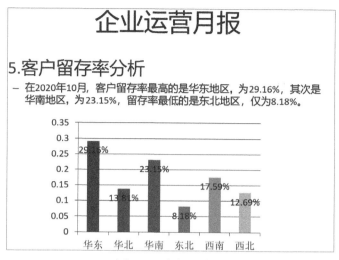

图 12-5　幻灯片效果

12.2.3　制作客户流失原因

使用 Python-pptx 库，对企业在 2020 年 10 月的客户流失原因进行分析，代码如下：

```
from pptx import Presentation
from pptx.chart.data import CategoryChartData
from pptx.enum.chart import XL_CHART_TYPE
from pptx.util import Inches
from pptx.util import Pt
from pptx.chart.data import ChartData
from pptx.enum.chart import XL_LABEL_POSITION
from pptx.enum.chart import XL_LEGEND_POSITION


prs = Presentation()
slide = prs.slides.add_slide(prs.slide_layouts[1])
title_shape = slide.shapes.title
title_shape.text = '企业运营月报'
subtitle = slide.shapes.placeholders[1]
subtitle.text = '6.客户流失原因分析'

body_shape = slide.shapes.placeholders
new_paragraph = body_shape[1].text_frame.add_paragraph()
new_paragraph.text = '在 2020 年 10 月，客户流失原因主要是商品质量差，占比为 28.56%，
其次是商品价格高，占比为 22.95%。'
```

```
new_paragraph.font.bold = False
new_paragraph.font.italic = False
new_paragraph.font.size = Pt(20)
new_paragraph.font.underline = False
new_paragraph.level = 1
#按英尺标准指定 x 值、y 值
left, top, width, height = Inches(1), Inches(3), Inches(7), Inches(3.5)
chart_data = ChartData()
chart_data.categories = ['商品质量差', '客服反馈慢', '商品价格高','商品无特征',
'配送员态度', '配送及时性']
chart_data.add_series('客户流失原因分析', (0.2856,0.1183,0.2295,0.0968,
0.1649,0.1049))
chart = slide.shapes.add_chart(
  XL_CHART_TYPE.PIE, left, top, width, height, chart_data
).chart # PIE 为饼状图

chart.has_legend = True
chart.legend.position = XL_LEGEND_POSITION.RIGHT
chart.legend.horz_offset = 0

chart.plots[0].has_data_labels = True
chart.plots[0].has_legend = True
data_labels = chart.plots[0].data_labels
data_labels.number_format = '0.00%'
data_labels.position = XL_LABEL_POSITION.INSIDE_END

chart.chart_style = 4
chart.has_title = True
chart.chart_title.text_frame.clear()          #清除原标题
new_paragraph = chart.chart_title.text_frame.add_paragraph()   #添加一行新标题
new_paragraph.text = '客户流失主要原因'          #新标题内容
new_paragraph.font.size = Pt(11)               #设置新标题字号

prs.save('客户留存分析 3.pptx')
```

运行上述代码，幻灯片效果如图 12-6 所示。

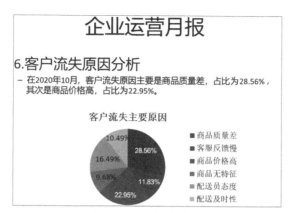

图 12-6　幻灯片效果

12.3　企业运营月报幻灯片案例完整代码

为了更好地帮助读者理解幻灯片自动化制作的过程，我们把上述的代码进行了汇总，以便读者在工作中参考使用，完整的代码如下：

```
from pptx import Presentation
from pptx.chart.data import CategoryChartData
from pptx.enum.chart import XL_CHART_TYPE
from pptx.util import Inches
from pptx.util import Pt
from pptx.chart.data import ChartData
from pptx.enum.chart import XL_LABEL_POSITION
from pptx.enum.chart import XL_LEGEND_POSITION


#第 1 页幻灯片
prs = Presentation()
slide = prs.slides.add_slide(prs.slide_layouts[1])
title_shape = slide.shapes.title
title_shape.text = '企业运营月报'
subtitle = slide.shapes.placeholders[1]
subtitle.text = '1.商品销售额分析'

body_shape = slide.shapes.placeholders
new_paragraph = body_shape[1].text_frame.add_paragraph()
new_paragraph.text = '在 2020 年 10 月，企业每日商品的销售额基本呈现上升的趋势，其中
月初销售额最少不到 10 万元，月末销售额最多超过 20 万元。'
```

```python
new_paragraph.font.bold = False
new_paragraph.font.italic = False
new_paragraph.font.size = Pt(20)
new_paragraph.font.underline = False
new_paragraph.level = 1

chart_data = CategoryChartData()
chart_data.categories = ['1日','2日','3日','4日','5日','6日','7日','8日',
'9日','10日','11日','12日','13日','14日','15日','16日','17日','18日','19日',
'20日','21日','22日','23日','24日','25日','26日','27日','28日','29日','30日',
'31日']
chart_data.add_series('2020年10月销售额分析', (10.7,9.3,10.6,10.9,11.7,
12.7,12.5,13.9,13.8,14.0,13.5,13.9,14.2,14.1,14.4,14.5,14.7,14.6,14.8,14.9,
15.3,15.6,15.8,16.2,16.3,17.1,17.7,18.8,19.2,20.7,21.2))

left, top, width, height = Inches(1.5), Inches(3.2), Inches(6.5), Inches(3.5)
chart = slide.shapes.add_chart(
    XL_CHART_TYPE.LINE, left, top, width, height, chart_data).chart
chart.has_legend = False

#第2页幻灯片
slide = prs.slides.add_slide(prs.slide_layouts[1])
title_shape = slide.shapes.title
title_shape.text = '企业运营月报'
subtitle = slide.shapes.placeholders[1]
subtitle.text = '2.商品订单量分析'

body_shape = slide.shapes.placeholders
new_paragraph = body_shape[1].text_frame.add_paragraph()
new_paragraph.text = '在2020年10月，商品的订单量，按客户类型划分主要是消费者，其
次是小型企业；按地区划分华东地区最多，其次是华南地区。'
new_paragraph.font.bold = False
new_paragraph.font.italic = False
new_paragraph.font.size = Pt(20)
new_paragraph.font.underline = False
new_paragraph.level = 1

left, top, width, height = Inches(2), Inches(3.2), Inches(5.5), Inches(4)
chart_data = ChartData()
chart_data.categories = ['华东', '华北', '华南','东北', '西南', '西北']
chart_data.add_series('公司', (92,84,85,90,71,81))
```

```
chart_data.add_series('消费者', (131,122,133,128,121,129))
chart_data.add_series('小型企业', (118,92,104,97,106,103))
chart = slide.shapes.add_chart(
  XL_CHART_TYPE.BAR_CLUSTERED, left, top, width, height, chart_data
).chart

chart.chart_style = 4
chart.has_legend = True
chart.legend.position = XL_LEGEND_POSITION.TOP
chart.legend.include_in_layout = False
chart.legend.horz_offset = 0

chart.plots[0].has_data_labels = True
chart.plots[0].has_legend = True
data_labels = chart.plots[0].data_labels
data_labels.position = XL_LABEL_POSITION.OUTSIDE_END

#第 3 页幻灯片
slide = prs.slides.add_slide(prs.slide_layouts[1])
title_shape = slide.shapes.title
title_shape.text = '企业运营月报'
subtitle = slide.shapes.placeholders[1]
subtitle.text = '3.商品退单量分析'

body_shape = slide.shapes.placeholders
new_paragraph = body_shape[1].text_frame.add_paragraph()
new_paragraph.text = '在 2020 年 10 月，商品的退单量，按客户类型划分主要是公司，其次
是消费者；按地区划分西北地区最多，其次是华南地区。'
new_paragraph.font.bold = False
new_paragraph.font.italic = False
new_paragraph.font.size = Pt(20)
new_paragraph.font.underline = False
new_paragraph.level = 1
#按英尺标准指定 x 值、y 值
left, top, width, height = Inches(2), Inches(3.2), Inches(5.5), Inches
(3.5)
chart_data = ChartData()
chart_data.categories = ['华东', '华北', '华南','东北', '西南', '西北']
chart_data.add_series('公司', (19,17,23,17,11,26))
chart_data.add_series('消费者', (13,11,19,18,15,19))
chart_data.add_series('小型企业', (18,17,16,14,10,17))
chart = slide.shapes.add_chart(
```

```
   XL_CHART_TYPE.COLUMN_STACKED, left, top, width, height, chart_data).chart

chart.chart_style = 4
chart.has_legend = True
chart.legend.position = XL_LEGEND_POSITION.TOP
chart.legend.include_in_layout = False
chart.legend.horz_offset = 0

chart.plots[0].has_data_labels = True
chart.plots[0].has_legend = True
data_labels = chart.plots[0].data_labels
data_labels.position = XL_LABEL_POSITION.INSIDE_END

#第 4 页幻灯片
slide = prs.slides.add_slide(prs.slide_layouts[1])
title_shape = slide.shapes.title
title_shape.text = '企业运营月报'
subtitle = slide.shapes.placeholders[1]
subtitle.text = '4.新增客户数量分析'

body_shape = slide.shapes.placeholders
new_paragraph = body_shape[1].text_frame.add_paragraph()
new_paragraph.text = '在 2020 年 10 月，每日新增客户数量基本为 100 人～150 人，每日
流失客户数量基本为 10 人～50 人。'
new_paragraph.font.bold = False
new_paragraph.font.italic = False
new_paragraph.font.size = Pt(20)
new_paragraph.font.underline = False
new_paragraph.level = 1

chart_data = CategoryChartData()
chart_data.categories = ['1 日','2 日','3 日','4 日','5 日','6 日','7 日','8 日',
'9 日','10 日','11 日','12 日','13 日','14 日','15 日','16 日','17 日','18 日','19 日',
'20 日','21 日','22 日','23 日','24 日','25 日','26 日','27 日','28 日','29 日','30 日',
'31 日']
chart_data.add_series('新增客户', (117,143,116,146,127,117,115,139,138,
140,115,109,102,121,124,107,147,112,100,139,149,130,132,112,112,111,107,
118,112,137,102))
chart_data.add_series('流失客户', (46,17,36,44,44,35,31,18,17,48,48,38,20,
47,33,20,32,14,25,47,33,16,48,35,31,27,28,15,10,41,18))

left, top, width, height = Inches(1.5), Inches(3.2), Inches(7), Inches(3.5)
```

```
chart = slide.shapes.add_chart(
    XL_CHART_TYPE.LINE, left, top, width, height, chart_data).chart
chart.chart_style = 4

#第 5 页幻灯片
slide = prs.slides.add_slide(prs.slide_layouts[1])
title_shape = slide.shapes.title
title_shape.text = '企业运营月报'
subtitle = slide.shapes.placeholders[1]
subtitle.text = '5.客户留存率分析'

body_shape = slide.shapes.placeholders
new_paragraph = body_shape[1].text_frame.add_paragraph()
new_paragraph.text = '在 2020 年 10 月，客户留存率最高的是华东地区，为 29.16%，其次
是华南地区，为 23.15%，留存率最低的是东北地区，仅为 8.18%。'
new_paragraph.font.bold = False
new_paragraph.font.italic = False
new_paragraph.font.size = Pt(20)
new_paragraph.font.underline = False
new_paragraph.level = 1
#按英尺标准指定 x 值、y 值
left, top, width, height = Inches(2), Inches(3.2), Inches(5.5), Inches
(3.5)
chart_data = ChartData()
chart_data.categories = ['华东', '华北', '华南','东北', '西南', '西北']
chart_data.add_series('各地区客户留存率', (0.2916,0.1381,0.2315,0.0818,
0.1759,0.1269))
chart = slide.shapes.add_chart(
  XL_CHART_TYPE.COLUMN_CLUSTERED, left, top, width, height, chart_data
).chart

chart.chart_style = 4
chart.plots[0].has_data_labels = True
chart.plots[0].has_legend = True
data_labels = chart.plots[0].data_labels
data_labels.number_format = '0.00%'
data_labels.position = XL_LABEL_POSITION.INSIDE_END

#第 6 页幻灯片
slide = prs.slides.add_slide(prs.slide_layouts[1])
title_shape = slide.shapes.title
title_shape.text = '企业运营月报'
```

```
subtitle = slide.shapes.placeholders[1]
subtitle.text = '6.客户流失原因分析'

body_shape = slide.shapes.placeholders
new_paragraph = body_shape[1].text_frame.add_paragraph()
new_paragraph.text = '在 2020 年 10 月，客户流失原因主要是商品质量差，占比为 28.56%，
其次是商品价格高，占比为 22.95%。'
new_paragraph.font.bold = False
new_paragraph.font.italic = False
new_paragraph.font.size = Pt(20)
new_paragraph.font.underline = False
new_paragraph.level = 1
#按英尺标准指定 x 值、y 值
left, top, width, height = Inches(1), Inches(3), Inches(7), Inches(3.5)
chart_data = ChartData()
chart_data.categories = ['商品质量差', '客服反馈慢', '商品价格高','商品无特征',
'配送员态度', '配送及时性']
chart_data.add_series('客户流失原因分析', (0.2856,0.1183,0.2295,0.0968,
0.1649,0.1049))
chart = slide.shapes.add_chart(
  XL_CHART_TYPE.PIE, left, top, width, height, chart_data
).chart # PIE 为饼状图

chart.has_legend = True
chart.legend.position = XL_LEGEND_POSITION.RIGHT
chart.legend.horz_offset = 0

chart.plots[0].has_data_labels = True
chart.plots[0].has_legend = True
data_labels = chart.plots[0].data_labels
data_labels.number_format = '0.00%'
data_labels.position = XL_LABEL_POSITION.INSIDE_END

chart.chart_style = 4
chart.has_title = True
chart.chart_title.text_frame.clear()
new_paragraph = chart.chart_title.text_frame.add_paragraph()
new_paragraph.text = '客户流失主要原因'
new_paragraph.font.size = Pt(11)

prs.save('企业运营月报.pptx')
```

运行上述代码，本案例创建的幻灯片效果如图 12-7 所示。

图 12-7　本案例创建的幻灯片效果

12.4　上机实践题

练习：使用"客户满意度.xls"数据，制作企业客户满意度的月度报告，包括每日满意度的折线图、不同地区满意度的条形图。

第 5 篇　邮件自动化处理篇

第 13 章

利用 Python 批量发送电子邮件

在日常办公中，检查和答复电子邮件会占用大量的时间，当我们知道怎么编写收发电子邮件的程序后，就可以自动化处理与电子邮件相关的任务，从而为我们节省大量复制和粘贴邮件的时间。

本章将详细介绍利用 Python 批量向 126、QQ、Sina 等常用邮箱发送电子邮件。

13.1 邮件服务器概述

13.1.1 邮件服务器原理

在工作中，我们可能感觉电子邮件的传输很简单，但是其背后的实现机制非常复杂。

下面先介绍几种服务器常用的组件概念。

MUA（Mail User Agent，邮件用户代理）：它的主要作用是接收邮件服务器上的电子邮件，以及提供用户浏览和编写邮件的功能。通俗来说，MUA 就是一个邮件客户端。常见的 MUA 软件有 Outlook Express、Outlook、Foxmail、Thunderbird、Evolution 等。

MTA（Mail Transfer Agent，邮件传输代理）：它的主要作用是收取邮件，接收邮件时使用的协议是 SMTP（Simple Mail Transfer Protocol，简单邮件传输协议），监听端口号是 25。我们一般所说的 Mail Server 指的就是 MTA。常见的 MTA 软件有 Sendmail、Postfix、Qmail、Exchange 等。

MDA（Mail Delivery Agent，邮件投递代理）：它的主要功能是通过分析 MTA 所收到的邮件的表头和内容等来决定这封邮件的去向。如果 MTA 所收到的邮件目标是自己，就会将这封邮件转到使用者的邮箱中；如果 MTA 所收到的邮件不是自己，就将邮件中继（转递）出去。MDA 其实是 MTA 下的一个小程序。常见的 MDA 软件有 Procmail、Maildrop 等。

MRA（Mail Retrieval Agent，邮件检索代理）：使用者可以通过 POP3 协议或 IMAP4 协议来接收自己的邮件，常见的 MRA 有 Cyrus-imap、Dovecot。POP3 协议和 IMAP4 协议接收邮件的方式是不同的，下面介绍这两种协议接收邮件的方式。

1．POP3 协议接收邮件的方式

（1）MUA 通过 POP3 协议连接到 MRA 的 110 端口，并且 MUA 需要提供账号和密码来取得正确的授权。这个授权是由 POP3 协议到数据库中检索账号和密码是否正确来获取的，因此 MRA 还需要和数据库结合起来工作。

（2）MRA 确认账号和密码正确后，会到用户的邮箱取得使用者的邮件，并传递给 MUA。

（3）当所有的邮件传送完毕后，用户邮箱内的数据就会被清空。

2．IMAP4 协议接收邮件的方式

IMAP4 协议需要通过账号和密码来取得授权才可以获取使用者邮箱内的邮件，但是它不仅将取得的邮件返回给 MUA，并且将邮件保存在使用者的账号目录下。这样一来，用户就可以永久查看邮件。

因此，建立一个完整的邮件服务器只需要 SMTP 协议和 POP3 协议。

接下来介绍一个完整的邮件服务器的工作流程。

（1）使用者利用 MUA 软件写好一封邮件，利用 SMTP 协议将其传到本地的 SMTP 服务器上。

（2）当 MTA 收到邮件后，如果该邮件的目的地是本地，则 MDA 会将该邮件存放在使用者的邮箱里；如果该邮件的目的地不是本地，则需要调用 SMTP 客户端与目标 MTA 建立连接，MDA 会将其转发给下一个 MTA。为了保证安全，使用者在使用 MUA 发送邮件之前，需要提供账号和密码取得授权，才可以发送邮件。

（3）本地 SMTP 服务器调用 SMTP 客户端与下一个 SMTP 服务器建立 TCP 连接，然后目标 SMTP 服务器收到邮件后，MDA 会分析该邮件的表头和内容，决定这封邮的去向。如果目标是本地，则将其转发到使用者的邮箱；如果目标不是本地，则继续向下一个 MTA 转发。

（4）客户端收取邮件，需要通过账号和密码取得授权，这里使用 POP3 协议到数据库检索账号和密码是否正确。如果账号和密码正确，就到使用者的邮箱获取邮件，返回给 POP3 服务器，再由 POP3 服务器返回给客户端。

图 13-1 所示为邮件服务器的工作流程。

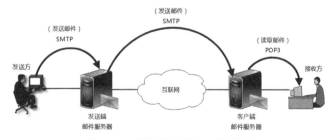

图 13-1　邮件服务器的工作流程

13.1.2　开启 126 邮箱相关服务

下面介绍几种常用邮箱的邮件服务器配置。

对于网易 126 邮箱，在邮箱的"设置"→"POP3/SMTP/IMAP"配置选项中可以开启相关服务，如图 13-2 所示。

开启 IMAP/SMTP 服务，在设置页面中单击"开启"按钮，弹出账号安全提示对话框。单击"继续开启"按钮，使用手机发送验证短信。单击"我已发送"按钮进行验证，之后将会显示授权密码。利用同样的方法可以开启 POP3/SMTP 服务。

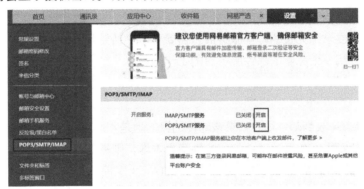

图 13-2　开启 126 邮箱相关服务

13.1.3　开启 QQ 邮箱相关服务

对于 QQ 邮箱，在邮箱的"设置"→"账户"→"POP3/IMAP/SMTP/Exchange/CardDAV/CalDAV 服务"配置选项中可以开启相关服务，如图 13-3 所示。

图 13-3　开启 QQ 邮箱相关服务

单击"开启"按钮，然后使用手机发送验证短信，再单击"我已发送"按钮进行验证。接着弹出"开启"对话框，在该对话框中有授权码。

13.1.4　开启 Sina 邮箱相关服务

对于 Sina（新浪）邮箱，在邮箱的"设置区"→"客户端 pop/imap/smtp"配置选项中可以开启相关服务，如图 13-4 所示。

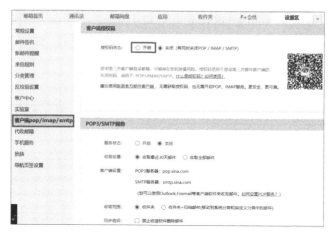

图 13-4　开启 Sina 邮箱相关服务

　　单击"开启"单选按钮，然后在弹出的提示对话框中输入手机号码和验证码，单击"确定"按钮后就会出现授权码，之后选择需要开启的服务类型。

13.1.5　开启 Hotmail 邮箱相关服务

　　对于 Hotmail 邮箱，在邮箱的"设置"→"邮件"→"同步电子邮件"配置选项中可以开启相关服务，如图 13-5 所示。

图 13-5　开启 Hotmail 邮箱相关服务

13.2　发送电子邮件

13.2.1　SMTP()方法：连接邮件服务器

　　SMTP 服务器的域名通常是 smtp+电子邮件提供商的域名+.com。例如，Gmail 的

SMTP 服务器的域名是 smtp.gmail.com。表 13-1 列出了一些常见的电子邮件提供商及其 SMTP 服务器的域名（端口是一个整数值，几乎总是 587，该端口由命令加密标准 TLS 使用）。

表 13-1　电子邮件提供商及其 SMTP 服务器的域名

常 用 邮 箱	SMTP 服务器的域名
新浪邮箱	smtp.sina.com
新浪 VIP	smtp.vip.sina.com
搜狐邮箱	smtp.sohu.com
126 邮箱	smtp.126.com
139 邮箱	smtp.139.com
163 邮箱	smtp.163.com

得到电子邮件提供商的域名和端口信息后，调用 smtplib.SMTP_SSL()方法创建一个 SMTP 对象，传入域名作为一个字符串参数，以及传入端口作为整数参数。SMTP 对象表示与 SMTP 邮件服务器的连接，它有一些发送电子邮件的方法。例如，下面的调用创建了一个 SMTP 对象，连接到网易 126 邮箱，代码如下：

```
import smtplib
smtpObj = smtplib.SMTP_SSL('smtp.126.com', 465)
type(smtpObj)
```

代码输出结果如下所示。

```
smtplib.SMTP_SSL
```

输入 type(smtpObj)表明 smtpObj 中保存了一个 SMTP 对象。后续我们需要使用 SMTP 对象，以便调用它的方法，登录并发送电子邮件。

13.2.2　ehlo()方法：登录邮件服务器

得到 SMTP 对象后，调用 ehlo()方法，登录 SMTP 电子邮件服务器，代码如下：

```
smtpObj.ehlo()
```

运行上述代码，输出如下所示登录邮件服务器的信息。如果在返回的元组中，第一项是整数 250（SMTP 中"成功"的代码），则表示连接成功。

```
(250,
 b'mail\nPIPELINING\nAUTH   LOGIN   PLAIN\nAUTH=LOGIN   PLAIN\ncoremail
1Uxr2xKj7kG0xkI17xGrU7I0s8FY2U3Uj8Cz28x1UUUUU7Ic2I0Y2Urf5unBUCa0xDrUUUUj
\nSTARTTLS\n8BITMIME')
```

13.2.3　sendmail()方法：发送邮件

登录到电子邮件提供商的 SMTP 服务器后，可以调用 sendmail()方法来发送电子邮件，代码如下：

```
smtpObj.sendmail('acwgp@126.com', '1298997509@qq.com', message.as_string())
```

代码输出结果如下所示。

```
{}
```

sendmail()方法需要 3 个参数。

- 发件人的电子邮件地址字符串。
- 收件人的电子邮件地址字符串，或者多个收件人的字符串列表。
- 电子邮件正文字符串。

sendmail()方法的返回值是一个字典。对于电子邮件传送失败的收件人，在该字典中会有一个"键-值"对。空的字典意味着对所有收件人已成功发送电子邮件。

确保在完成发送电子邮件时，调用 quit()方法，该方法会让程序从 SMTP 服务器断开，代码如下：

```
smtpObj.quit()
```

代码输出结果如下所示。

```
(221, b'Bye')
```

当返回值为 221 时表示会话结束。

13.3　发送电子邮件案例

下面通过案例介绍利用 Python，通过网易 126 邮箱向 QQ 邮箱和 Sina 邮箱同时发送定制的电子邮件，代码如下：

```
import smtplib
from email.header import Header
from email.mime.text import MIMEText

#第三方 SMTP 服务器
mail_host = "smtp.126.com"           #SMTP 服务器
mail_user = "acwgp@126.com"          #用户名
mail_pass = "ACVPPZBDVTHQNXMU"       #授权密码，非登录密码

sender = 'acwgp@126.com'             #发件人邮箱
```

```
receivers = ['1298997509@qq.com','shanghaiwren1@sina.com']   #收件人邮件

content = '你好！这是自动化邮件发送的测试邮件，请勿回复！'              #邮件内容
title = '自动化邮件批量发送'                                      #邮件主题

def sendEmail():
#参数为：邮件内容、格式 plain 或 html、编码方式
    message = MIMEText(content, 'html', 'utf-8')
    message['From'] = "{}".format(sender)
    message['To'] = ",".join(receivers)
    message['Subject'] = title

    try:
        smtpObj = smtplib.SMTP_SSL(mail_host, 465)    #启用 SSL 发信，端口一般是 465
        smtpObj.login(mail_user, mail_pass)           #登录验证
        smtpObj.sendmail(sender, receivers, message.as_string())   #发送邮件
        print("邮件发送成功！")                          #输出成功信息
    except smtplib.SMTPException as e:
        print(e)

if __name__ == '__main__':
    sendEmail()
```

代码输出结果如下所示。

邮件发送成功！

如果程序正常运行，则会显示"邮件发送成功！"的信息，然后就可以在 QQ 邮箱和 Sina 邮箱中接收到刚刚发送的电子邮件，效果如图 13-6 所示。

图 13-6　自动化发送电子邮件

13.4　上机实践题

练习：利用 Python 向自己的 QQ 邮箱发送一封生日问候邮件。

第 14 章

利用 Python 获取电子邮件

电子邮件已经成为我们沟通交流的一个重要工具，但是与此同时，它也会浪费许多时间，因为我们需要经常打开邮箱和接收各类复杂的邮件。

本章将介绍利用 Python 批量获取 126、QQ、Sina 等常用邮箱的电子邮件。

14.1　获取邮件内容

14.1.1　通过 POP3 协议连接邮件服务器

在第 13 章中，我们已经介绍了如何使用 SMTP 协议发送邮件，那么如何获取邮件呢？

其实，收取邮件就是编写一个 MUA 作为客户端，从 MDA 把邮件获取到用户的计算机或手机中。收取邮件最常用的是 POP3 协议。

Python 内置了一个 poplib 模块，实现了 POP3 协议可以直接收取邮件。

需要注意的是，POP3 协议收取的不是一个已经可以阅读的邮件，而是邮件的原始文本。这和 SMTP 协议类似，SMTP 协议发送的也是经过编码后的文本。

想要把 POP3 协议收取的文本变成用户可以阅读的邮件，还需要用 email 模块提供的各种类来解析原始文本，变成用户可以阅读的邮件对象。

因此，获取邮件需要分成以下两个步骤。

第一步：使用 poplib 模块把邮件的原始文本下载到本地。

第二步：使用 email 模块解析原始文本，还原为邮件对象。

在通过 POP3 协议获取电子邮件之前，需要连接和登录到邮件服务器，代码如下：

```python
import poplib

#输入邮件地址、口令和 POP3 服务器地址
email = 'acwgp@126.com'
password = 'ACVPPZBDVTHQNXMU'
pop3_server = 'pop.126.com'

#连接到 POP3 服务器
server = poplib.POP3_SSL(pop3_server)
#打开或关闭调试信息
server.set_debuglevel(1)

#身份认证
server.user(email)
server.pass_(password)

#输出欢迎信息
print(server.getwelcome().decode('utf-8'))
```

运行上述代码，成功连接邮件服务器的输出结果如下所示。

```
*cmd* 'USER acwgp@126.com'
*cmd* 'PASS ACVPPZBDVTHQNXMU'
+OK Welcome to coremail Mail Pop3 Server
(126coms[6c62234a7721d45811debf430915950ds])
```

14.1.2　通过 POP3 协议下载邮件

POP3 协议有 3 种状态：认证状态、处理状态和更新状态。执行命令可以改变协议的状态，而对于具体的某个命令，它只能在具体的某个状态下使用。当客户端与服务器建立连接时，它的状态为认证状态；一旦客户端提供了自己的身份并被成功地确认，即由认证状态转入处理状态；在完成相应的操作后客户端发出 QUIT 命令，进入更新状态；更新状态之后又重返认证状态；当然在认证状态下执行 QUIT 命令，可释放连接。

可以通过 POP3 协议下载邮件，POP3 协议本身很简单。下面以网易 126 邮箱为例，介绍如何下载一封最新的邮件，代码如下：

```python
import poplib

#输入邮件地址、口令和 POP3 服务器地址
email = 'acwgp@126.com'
password = 'ACVPPZBDVTHQNXMU'
pop3_server = 'pop.126.com'

#连接到 POP3 服务器
server = poplib.POP3_SSL(pop3_server)
#打开或关闭调试信息
server.set_debuglevel(1)

#身份认证
server.user(email)
server.pass_(password)

#返回所有邮件的编号
resp, mails, octets = server.list()
#查看返回的列表
print(mails)

#获取一封最新的邮件
index = len(mails)
resp, lines, octets = server.retr(index)
```

```
#关闭连接
server.quit()
```

运行上述代码，下载邮件的输出结果如下所示。

```
*cmd* 'USER acwgp@126.com'
*cmd* 'PASS ACVPPZBDVTHQNXMU'
*cmd* 'LIST'
[b'1 97841']
*cmd* 'RETR 1'
*cmd* 'QUIT'
b'+OK core mail'
```

在上述输出结果中，LIST 命令表示返回邮件数量和每封邮件的大小，RETR 命令表示返回由参数标识的邮件的全部文本，QUIT 命令表示关闭。POP3 协议的常用命令如表 14-1 所示。

表 14-1　POP3 协议的常用命令

命　　令	参　　数	使用状态	说　　明
USER	Username	认证	此命令与下面的 PASS 命令若成功，将导致状态转换
PASS	Password	认证	此命令若成功，将转化为更新状态
APOP	Name、Digest	认证	Digest 是 MD5 消息摘要
STAT	None	处理	请求服务器发回关于邮箱的统计资料，如邮件总数和总字节数
UIDL	[Msg#]	处理	返回邮件唯一标识符，POP3 会话的每个标识符都将是唯一的
LIST	[Msg#]	处理	返回邮件唯一标识符，POP3 会话的每个标识符都将是唯一的
RETR	[Msg#]	处理	返回由参数标识的邮件的全部文本
DELE	[Msg#]	处理	服务器将由参数标识的邮件标记为删除，由 QUIT 命令执行
TOP	[Msg#]	处理	返回由参数标识的邮件的邮件头+前 n 行内容，n 必须为正整数
NOOP	None	处理	服务器返回一个肯定的响应，用于测试连接是否成功
QUIT	None	处理、认证	如果服务器处于处理状态，则进入更新状态以删除任何标记为删除的邮件。如果服务器处于认证状态，则退出连接

14.2　解析邮件内容

从 14.1 节可以看出，使用 POP3 协议获取邮件比较简单，想要获取所有邮件，只需循环使用 retr()方法即可，真正麻烦的是把邮件的原始内容解析为可以阅读的邮件对象，本节将详细介绍如何解析邮件内容。

14.2.1　解析邮件正文

解析邮件，先导入必要的模块，代码如下：

```
import poplib
from email.parser import Parser
from email.header import decode_header
from email.utils import parseaddr
```

接下来，获取整个邮件的原始文本，代码如下：

```
msg_content = b'\r\n'.join(lines).decode('utf-8')
```

再把邮件内容解析为 Message 对象，代码如下：

```
msg = Parser().parsestr(msg_content)
```

但是，这个 Message 对象本身可能是一个 MIMEMultipart 对象，即嵌套其他 MIMEBase 对象，可能不止一层嵌套，所以我们要递归地输出 Message 对象的层次结构，代码如下：

```
def print_info(msg, indent=0):
    if indent == 0:
        for header in ['From', 'To', 'Subject']:
            value = msg.get(header, '')
            if value:
                if header=='Subject':
                    value = decode_str(value)
                else:
                    hdr, addr = parseaddr(value)
                    name = decode_str(hdr)
                    value = u'%s <%s>' % (name, addr)
                print('%s%s: %s' % (' ' * indent, header, value))
    if (msg.is_multipart()):
        parts = msg.get_payload()
        for n, part in enumerate(parts):
            print('%spart %s' % (' ' * indent, n))
            print('%s--------------------' % (' ' * indent))
```

```
            print_info(part, indent + 1)
    else:
        content_type = msg.get_content_type()
        if content_type=='text/plain' or content_type=='text/html':
            content = msg.get_payload(decode=True)
            charset = guess_charset(msg)
            if charset:
                content = content.decode(charset)
            print('%sText: %s' % ('  ' * indent, content + '...'))
        else:
            print('%sAttachment: %s' % ('  ' * indent, content_type))
```

14.2.2 转换邮件编码

邮件的主题或内容中包含的名字都是经过编码的，想要正常显示，就必须解码，代码如下：

```
def decode_str(s):
    value, charset = decode_header(s)[0]
    if charset:
        value = value.decode(charset)
    return value
```

decode_header()函数用于返回一个列表，因为字段可能包含多个邮件地址，所以会解析出来多个元素，这里就取第一个最重要的邮件地址。

此外，文本邮件的内容也是字符串，也需要检测编码，否则，非 UTF-8 编码的邮件无法正常显示，代码如下：

```
def guess_charset(msg):
    charset = msg.get_charset()
    if charset is None:
        content_type = msg.get('Content-Type', '').lower()
        pos = content_type.find('charset=')
        if pos >= 0:
            charset = content_type[pos + 8:].strip()
    return charset
```

14.3 获取邮件小结

利用 Python 的 poplib 模块获取邮件分为两个步骤：第一步，使用 POP3 协议把邮件获取到本地；第二步，使用 email 模块把原始邮件解析为 Message 对象，然后把邮件内容展示给用户。

　　为了使用户更贴近实际工作需要，下面整理了几种常用邮箱获取邮件的方法，包括 126 邮箱、QQ 邮箱、Sina 邮箱、Hotmail 邮箱。

14.3.1　获取 126 邮箱中的邮件

　　卜面尝试收取一封邮件，这里使用的是 126 邮箱。首先需要向 126 邮箱发送一封邮件，然后用浏览器登录邮箱，核查一下邮件是否被接收。使用 Python 程序获取邮件，代码如下：

```python
import poplib
from email.parser import Parser
from email.header import decode_header
from email.utils import parseaddr

#输入邮件地址、口令和 POP3 服务器地址
email = 'acwgp@126.com'
password = 'ACVPPZBDVTHQNXMU'
pop3_server = 'pop.126.com'

#连接到 POP3 服务器
server = poplib.POP3_SSL(pop3_server)
#打开或关闭调试信息
server.set_debuglevel(1)

#身份认证
server.user(email)
server.pass_(password)

#返回所有邮件的编号
resp, mails, octets = server.list()
#查看返回的列表
print(mails)

#获取一封最新的邮件
index = len(mails)
resp, lines, octets = server.retr(index)

#获得整个邮件的原始内容
```

```python
msg_content = b'\r\n'.join(lines).decode('utf-8')
msg = Parser().parsestr(msg_content)

#邮件主题解码
def guess_charset(msg):
    charset = msg.get_charset()
    if charset is None:
        content_type = msg.get('Content-Type', '').lower()
        pos = content_type.find('charset=')
        if pos >= 0:
            charset = content_type[pos + 8:].strip()
    return charset

#邮件内容解码
def decode_str(s):
    value, charset = decode_header(s)[0]
    if charset:
        value = value.decode(charset)
    return value

#输出邮件信息
def print_info(msg, indent=0):
    if indent == 0:
        for header in ['From', 'To', 'Subject']:
            value = msg.get(header, '')
            if value:
                if header=='Subject':
                    value = decode_str(value)
                else:
                    hdr, addr = parseaddr(value)
                    name = decode_str(hdr)
                    value = u'%s <%s>' % (name, addr)
                print('%s%s: %s' % ('  ' * indent, header, value))
    if (msg.is_multipart()):
        parts = msg.get_payload()
        for n, part in enumerate(parts):
            print('%spart %s' % ('  ' * indent, n))
            print('%s--------------------' % ('  ' * indent))
            print_info(part, indent + 1)
    else:
        content_type = msg.get_content_type()
```

```
if content_type=='text/plain' or content_type=='text/html':
    content = msg.get_payload(decode=True)
    charset = guess_charset(msg)
    if charset:
        content = content.decode(charset)
    print('%sText: %s' % ('  ' * indent, content + '...'))
else:
    print('%sAttachment: %s' % ('  ' * indent, content type))
```

```
#解析邮件内容
print_info(msg)
```

```
#关闭连接
server.quit()
```

运行上述代码，获取 126 邮箱邮件的输出结果如下所示。

```
*cmd* 'USER acwgp@126.com'
*cmd* 'PASS ACVPPZBDVTHQNXMU'
*cmd* 'LIST'
[b'1 3150', b'2 3416', b'3 1796']
*cmd* 'RETR 3'
From: wren <acwgp@126.com>
To:  <1298997509@qq.com>
Subject：客户留存率数据
part 0
--------------------
  Text: 你好，

  本周新增客户 590 人，流失客户 318 人，留存率为 25.88%。...
part 1
--------------------
  Text:  <div  style="line-height:1.7;color:#000000;font-size:14px;font-
family:Arial"><p style="margin: 0;">你好，</p><div id="isForwardContent">
<div><div><br></div><div>    本周新增客户 590 人，流失客户 318 人，留存
率为 25.88%。</div></div></div></div><br><br><span title="neteasefooter">
<p> </p></span>...
*cmd* 'QUIT'
b'+OK core mail'
```

14.3.2　获取 QQ 邮箱中的邮件

获取 QQ 邮箱邮件内容的方法与获取 126 邮箱邮件内容的方法基本类似，代码如下：

```python
import poplib
from email.parser import Parser
from email.header import decode_header
from email.utils import parseaddr

#输入邮件地址、口令和 POP3 服务器地址
email = '1298997509@qq.com'
password = 'tlpbuhoualoxfhcd'
pop3_server = 'pop.qq.com'

#连接到 POP3 服务器
server = poplib.POP3_SSL(pop3_server)
#打开或关闭调试信息
server.set_debuglevel(1)

#身份认证
server.user(email)
server.pass_(password)

#返回所有邮件的编号
resp, mails, octets = server.list()
#查看返回的列表
print(mails)

#获取一封最新的邮件
index = len(mails)
resp, lines, octets = server.retr(index)

#获得整个邮件的原始内容
msg_content = b'\r\n'.join(lines).decode('utf-8')
msg = Parser().parsestr(msg_content)

#邮件主题解码
def guess_charset(msg):
    charset = msg.get_charset()
    if charset is None:
        content_type = msg.get('Content-Type', '').lower()
        pos = content_type.find('charset=')
        if pos >= 0:
            charset = content_type[pos + 8:].strip()
```

```
        return charset

#邮件内容解码
def decode_str(s):
    value, charset = decode_header(s)[0]
    if charset:
        value = value.decode(charset)
    return value

#输出邮件信息
def print_info(msg, indent=0):
    if indent == 0:
        for header in ['From', 'To', 'Subject']:
            value = msg.get(header, '')
            if value:
                if header=='Subject':
                    value = decode_str(value)
                else:
                    hdr, addr = parseaddr(value)
                    name = decode_str(hdr)
                    value = u'%s <%s>' % (name, addr)
                print('%s%s: %s' % ('  ' * indent, header, value))
    if (msg.is_multipart()):
        parts = msg.get_payload()
        for n, part in enumerate(parts):
            print('%spart %s' % ('  ' * indent, n))
            print('%s--------------------' % ('  ' * indent))
            print_info(part, indent + 1)
    else:
        content_type = msg.get_content_type()
        if content_type=='text/plain' or content_type=='text/html':
            content = msg.get_payload(decode=True)
            charset = guess_charset(msg)
            if charset:
                content = content.decode(charset)
            print('%sText: %s' % ('  ' * indent, content + '...'))
        else:
            print('%sAttachment: %s' % ('  ' * indent, content_type))

#解析邮件内容
```

```
print_info(msg)
```

```
#关闭连接
server.quit()
```

运行上述代码，获取 QQ 邮箱邮件的输出结果如下所示。

```
*cmd* 'USER 1298997509@qq.com'
*cmd* 'PASS tlpbuhoualoxfhcd'
*cmd* 'LIST'
[b'1 2339', b'2 2375', b'3 2373', b'4 2434', b'5 2384', b'6 3591']
*cmd* 'RETR 6'
From: wren <acwgp@126.com>
To: <1298997509@qq.com>
Subject: 客户留存率数据
part 0
-------------------
  Text: 你好，

  本周新增客户 590 人，流失客户 318 人，留存率为 25.88%。...
part 1
-------------------
  Text:    <div  style="line-height:1.7;color:#000000;font-size:14px;font-
family:Arial"><p style="margin: 0;">你好，</p><div id="isForwardContent">
<div><div><br></div><div>    本周新增客户 590 人，流失客户 318 人，留存
率为 25.88%。</div></div></div></div><br><br><span title="neteasefooter">
<p> </p></span>...
*cmd* 'QUIT'
b'+OK Bye'
```

14.3.3　获取 Sina 邮箱中的邮件

获取 Sina 邮箱邮件内容的方法与获取 126 邮箱邮件内容的方法基本类似，代码如下：

```
import poplib
from email.parser import Parser
from email.header import decode_header
from email.utils import parseaddr

#输入邮件地址、口令和 POP3 服务器地址
email = 'shanghaiwren1@sina.com'
password = '8317a6d0fd2b1634'
pop3_server = 'pop.sina.com'
```

```python
#连接到 POP3 服务器
server = poplib.POP3_SSL(pop3_server)
#打开或关闭调试信息
server.set_debuglevel(1)

#身份认证
server.user(email)
server.pass_(password)

#返回所有邮件的编号
resp, mails, octets = server.list()
#查看返回的列表
print(mails)

#获取一封最新的邮件
index = len(mails)
resp, lines, octets = server.retr(index)

#获得整个邮件的原始内容
msg_content = b'\r\n'.join(lines).decode('utf-8')
msg = Parser().parsestr(msg_content)

#邮件主题解码
def guess_charset(msg):
    charset = msg.get_charset()
    if charset is None:
        content_type = msg.get('Content-Type', '').lower()
        pos = content_type.find('charset=')
        if pos >= 0:
            charset = content_type[pos + 8:].strip()
    return charset

#邮件内容解码
def decode_str(s):
    value, charset = decode_header(s)[0]
    if charset:
        value = value.decode(charset)
    return value
```

```python
#输出邮件信息
def print_info(msg, indent=0):
    if indent == 0:
        for header in ['From', 'To', 'Subject']:
            value = msg.get(header, '')
            if value:
                if header=='Subject':
                    value = decode_str(value)
                else:
                    hdr, addr = parseaddr(value)
                    name = decode_str(hdr)
                    value = u'%s <%s>' % (name, addr)
            print('%s%s: %s' % ('  ' * indent, header, value))
    if (msg.is_multipart()):
        parts = msg.get_payload()
        for n, part in enumerate(parts):
            print('%spart %s' % ('  ' * indent, n))
            print('%s--------------------' % ('  ' * indent))
            print_info(part, indent + 1)
    else:
        content_type = msg.get_content_type()
        if content_type=='text/plain' or content_type=='text/html':
            content = msg.get_payload(decode=True)
            charset = guess_charset(msg)
            if charset:
                content = content.decode(charset)
            print('%sText: %s' % ('  ' * indent, content + '...'))
        else:
            print('%sAttachment: %s' % ('  ' * indent, content_type))

#解析邮件内容
print_info(msg)

#关闭连接
server.quit()
```

运行上述代码，获取 Sina 邮箱邮件的输出结果如下所示。

```
*cmd* 'USER shanghaiwren1@sina.com'
*cmd* 'PASS 8317a6d0fd2b1634'
*cmd* 'LIST'
[b'1 7196', b'2 2928']
```

```
*cmd* 'RETR 2'
From: wren <acwgp@126.com>
To:  <1298997509@qq.com>
Subject：客户留存率数据
part 0
--------------------
  Text: 你好，

    本周新增客户 590 人，流失客户 318 人，留存率为 25.88%。...
part 1
--------------------
  Text:   <div  style="line-height:1.7;color:#000000;font-size:14px;font-
family:Arial"><p style="margin: 0;">你好，</p><div id="isForwardContent">
<div><div><br></div><div>    本周新增客户 590 人，流失客户 318 人，留存
率为 25.88%。</div></div></div></div><br><br><span title="neteasefooter">
<p> </p></span>...
*cmd* 'QUIT'
b'+OK sina mail see you next time'
```

14.3.4　获取 Hotmail 邮箱中的邮件

　　获取 Hotmail 邮箱邮件内容的方法与获取 126 邮箱邮件内容的方法基本类似，代码如下：

```python
import poplib
from email.parser import Parser
from email.header import decode_header
from email.utils import parseaddr

#输入邮件地址、口令和 POP3 服务器地址
email = 'shanghaiwren2017@hotmail.com'
password = 'wangGuoping2014'
pop3_server = 'outlook.office365.com'

#连接到 POP3 服务器
server = poplib.POP3_SSL(pop3_server)
#打开或关闭调试信息
server.set_debuglevel(1)

#身份认证
server.user(email)
server.pass_(password)
```

```python
#返回所有邮件的编号
resp, mails, octets = server.list()
#查看返回的列表
print(mails)

#获取一封最新的邮件
index = len(mails)
resp, lines, octets = server.retr(index)

#获得整个邮件的原始内容
msg_content = b'\r\n'.join(lines).decode('utf-8')
msg = Parser().parsestr(msg_content)

#邮件主题解码
def guess_charset(msg):
    charset = msg.get_charset()
    if charset is None:
        content_type = msg.get('Content-Type', '').lower()
        pos = content_type.find('charset=')
        if pos >= 0:
            charset = content_type[pos + 8:].strip()
    return charset

#邮件内容解码
def decode_str(s):
    value, charset = decode_header(s)[0]
    if charset:
        value = value.decode(charset)
    return value

#输出邮件信息
def print_info(msg, indent=0):
    if indent == 0:
        for header in ['From', 'To', 'Subject']:
            value = msg.get(header, '')
            if value:
                if header=='Subject':
                    value = decode_str(value)
                else:
```

```
                hdr, addr = parseaddr(value)
                name = decode_str(hdr)
                value = u'%s <%s>' % (name, addr)
            print('%s%s: %s' % (' ' * indent, header, value))
    if (msg.is_multipart()):
        parts = msg.get_payload()
        for n, part in enumerate(parts):
            print('%spart %s' % (' ' * indent, n))
            print('%s--------------------' % (' ' * indent))
            print_info(part, indent + 1)
    else:
        content_type = msg.get_content_type()
        if content_type=='text/plain' or content_type=='text/html':
            content = msg.get_payload(decode=True)
            charset = guess_charset(msg)
            if charset:
                content = content.decode(charset)
            print('%sText: %s' % (' ' * indent, content + '...'))
        else:
            print('%sAttachment: %s' % (' ' * indent, content_type))
```

#解析邮件内容
print_info(msg)

#关闭连接
server.quit()

　　运行上述代码，获取 Hotmail 邮箱邮件的输出结果如下所示。

```
*cmd* 'USER shanghaiwren2017@hotmail.com'
*cmd* 'PASS wangGuoping2014'
*cmd* 'LIST'
[b'1 23319', b'2 46270']
*cmd* 'RETR 2'
From: wren <acwgp@126.com>
To:  <1298997509@qq.com>
Subject: 客户留存率数据
part 0
--------------------
  Text: 你好，

  本周新增客户 590 人，流失客户 318 人，留存率为 25.88%。...
```

```
part 1
-------------------
  Text: <meta http-equiv="Content-Type" content="text/html; charset=
gb2312"><div     style="line-height:1.7;color:#000000;font-size:14px;font-
family:Arial"><p style="margin: 0;">你好，</p><div id="isForwardContent">
<div><div><br></div><div>    本周新增客户 590 人，流失客户 318 人，留存
率为 25.88%。</div></div></div></div><br><br><span title="neteasefooter">
<p> </p></span>...
*cmd* 'QUIT'
b'+OK Microsoft Exchange Server POP3 server signing off.'
```

14.4　上机实践题

练习：首先向自己的 QQ 邮箱发送一封邮件，然后利用 Python 获取这封邮件的内容。

第 15 章

利用 Python 自动发送电商会员邮件

会员邮件营销是海外市场营销中的一个重要营销渠道，具有远超社交媒体营销的高单击率、高转化率和高资本回报率等特点。企业商品的推送基本可以通过邮件订阅实现。

本章将以某电商平台为例，介绍如何利用 Python 自动发送电商会员邮件。

15.1 电商会员邮件营销

15.1.1 会员邮件营销

电商平台经常需要将打折、促销、新品等信息及时地传递给会员。目前其对会员的营销方式主要有两种：一种是短信，另一种是邮件。那么哪一种营销方式更加有效呢？

和短信方式相比，邮件方式有几大优势：一是邮件可以传达的信息更多、更丰富。邮件可以包含广告图片和文字，可以图文并茂地展示信息，而短信只支持文字，且对字数有一定的限制。二是发送邮件的成本更低。主流的邮件群发平台，根据发送量的不同，发送一封邮件的价格为 0.01～0.03 元，而发送一条短信的价格为 0.05～0.1 元。三是主流的邮件群发平台都有邮件跟踪功能，客户打开、单击的数据都能实时跟踪，可以帮助电商企业更好地锁定高意向的客户。

15.1.2 提高邮件的发送率

提高邮件发送率的技巧包括：关注订阅者、清洗邮件列表、提供适当的内容、重复测试实验、跟踪发送效果、聘请服务商。

15.2 提取未付费的会员数据

15.2.1 整理电商会员数据

表 15-1 为用来记录电商会员会费支付情况的表格。

表 15-1 "会员表.xlsx" 表格

member	E-mail	Jul	Aug	Sep	Oct	Nov	Dec
Chen Lei	12989****@qq.com	paid	paid	paid	paid	paid	
Tang Ning	shanghai****@126.com	paid	paid	paid	paid	paid	paid
Xue Ting	shanghai****@hotmail.com	paid	paid	paid	paid	paid	

该电子表格中包含会员的姓名和电子邮件地址。每个月有一列数据，记录会员的付款状态。在会员交纳会费后，对应的单元格就记为 **paid**。

通过调用 max_column()方法，找到最近一个月的列，代码如下：

```
import openpyxl, smtplib, sys
```

```
#打开"会员表.xlsx"文件并获取最新的会费状态
wb = openpyxl.load_workbook('会员表.xlsx')
sheet = wb['Sheet1']
lastCol = sheet.max_column
Month = sheet.cell(row=1, column=lastCol).value
```

导入 openpyxl、smtplib 和 sys 模块后，打开"会员表.xlsx"文件，将得到的 workbook 对象保存在 wb 变量中。然后获取 Sheet1，将得到的 workbook 对象保存在 sheet 变量中。我们将最后一列保存在 lastCol 变量中，然后用行号 1 和 lastCol 变量来访问记录最近月份的单元格，获取该单元格中的值，并保存在 Month 变量中。

15.2.2　读取未付费会员的信息

一旦确定了最近一个月的列数，就可以循环遍历所有行，看看哪些会员在该月付费了。如果会员没有支付会费，就可以从列 1 和列 2 中分别获取该会员的姓名和电子邮件地址。这些信息将会被放入 unpaid 字典，其中记录最近一个月没有交纳会费的所有会员，代码如下：

```
import openpyxl, smtplib, sys

#打开"会员表.xlsx"文件并获取最新的会费状态
wb = openpyxl.load_workbook('会员表.xlsx')
sheet = wb['Sheet1']
lastCol = sheet.max_column
Month = sheet.cell(row=1, column=lastCol).value

#查看每个会员交纳会费的状态
unpaid = {}
for r in range(2, sheet.max_row + 1):
    payment = sheet.cell(row=r, column=Col).value
    if payment != 'paid':
        name = sheet.cell(row=r, column=1).value
        email = sheet.cell(row=r, column=2).value
        unpaid[name] = email
```

这段代码设置了一个空字典 unpaid，然后循环遍历所有的行。对于每一行，将最近月份的值保存在 payment 中。如果 payment 的值不等于"paid"，则将第 1 列的值保存在 name 中，第 2 列的值保存在 email 中，将 name 和 email 添加到 unpaid 字典中。

15.3 发送定制邮件提醒

15.3.1 创建 SMTP 对象

得到所有未交纳会费会员的名单后，就可以向他们发送电子邮件提醒。将下面的代码添加到程序中，但是要填写真实的电子邮件地址和提供商的信息，代码如下：

```
import openpyxl, smtplib, sys

#打开"会员表.xlsx"文件并获取最新的会费状态
wb = openpyxl.load_workbook('会员表.xlsx')
sheet = wb['Sheet1']
lastCol = sheet.max_column
Month = sheet.cell(row=1, column=lastCol).value

#查看每个会员交纳会费的状态
unpaid = {}
for r in range(2, sheet.max_row + 1):
    payment = sheet.cell(row=r, column=Col).value
    if payment != 'paid':
        name = sheet.cell(row=r, column=1).value
        email = sheet.cell(row=r, column=2).value
        unpaid[name] = email

#登录电子邮箱账户
smtpObj = smtplib.SMTP('smtp.qq.com')
smtpObj.ehlo()
smtpObj.starttls()
smtpObj.login('1***@qq.com','tlpb************')   #填写用户名和授权密码
```

程序调用 SMTP()方法并传入提供商的域名和端口，然后创建一个 SMTP 对象，调用 ehlo()方法、starttls()方法和 login()方法，并传入自己的电子邮箱和授权密码。

15.3.2 发送定制邮件信息

程序登录到电子邮箱账户后，就会遍历 unpaid 字典，向每个会员的电子邮箱地址发送针对个人的电子邮件，代码如下：

```
import openpyxl, smtplib, sys
```

```
#打开"会员表.xlsx"文件并获取最新的会费状态
wb = openpyxl.load_workbook('会员表.xlsx')
sheet = wb['Sheet1']
lastCol = sheet.max_column
Month = sheet.cell(row=1, column=lastCol).value


#查看每个会员交纳会费的状态
unpaid = {}
for r in range(2, sheet.max_row + 1):
    payment = sheet.cell(row=r, column=Col).value
    if payment != 'paid':
        name = sheet.cell(row=r, column=1).value
        email = sheet.cell(row=r, column=2).value
        unpaid[name] = email


#登录电子邮箱账户
smtpObj = smtplib.SMTP('smtp.qq.com')
smtpObj.ehlo()
smtpObj.starttls()
smtpObj.login('1***@qq.com','tlpb***********')    #填写用户名和授权密码


#发送提醒电子邮件
for name, email in unpaid.items():
    body = r'Subject:Dear %s. You have unpaid ** dues for %s. Please make
this payment as soon as possible. Thank you!' % (name, Month)
    print('发送邮件给: %s 提醒%s 付费。' % (email, name))
    sendmailStatus = smtpObj.sendmail('1298997509@qq.com', email, body)

    if sendmailStatus != {}:
        print('发送邮件时出现问题 %s: %s' % (email, sendmailStatus))
smtpObj.quit()
```

代码输出结果如下所示。

发送邮件给：1298997509@qq.com 提醒 Chen Lei 付费。
发送邮件给：shanghaiwren2017@hotmail.com 提醒 Xue Ting 付费。
(221, b'Bye.')

运行上述程序，可以看到发送邮件的具体情况。程序循环遍历 unpaid 字典中的姓名和电子邮件。对于每个没有交纳会费的会员，我们用最新的月份和会员的名称定制了一条消息，并保存在 body 中。之后打印输出，表示正在向这个会员的电子邮箱地址发送电子邮

件。然后调用 sendmail() 方法，向它传入地址和定制的消息。返回值被保存在 sendmailStatus 中。程序完成发送所有电子邮件后，调用 quit() 方法，与 SMTP 服务器断开连接。

运行上述程序，未交纳会费的会员邮箱将会收到一封邮件，具体邮件内容如下所示。

```
Dear Chen Lei. You have unpaid ** dues for Dec. Please make this payment
as soon as possible. Thank you!
```

15.4　发送定制短信提醒

15.4.1　注册 Twilio 账号

对大多数人来说，使用手机发送信息比使用电脑发送信息要方便得多，所以与电子邮件相比，短信发送通知可能更直接、更可靠。此外，短信的长度较短，人们阅读短信的概率会更高。本节将介绍如何注册免费的 Twilio 账号，并利用它的 Python 模块发送短信。

Twilio 是一个 SMS 网关服务，这意味着它是一种服务，用户可以通过程序发送短信。虽然每月发送短信的数量会有限制，并且要在文本前面加上 "Sent from a Twilio trial account"，但这项试用服务也许能够满足你的个人需要。在注册 Twilio 账户之前，先安装 twilio 模块。

访问 Twilio 的官方网站填写注册表单。在注册了新账户后，需要验证一个手机号码，将短信发给该手机号码。当收到验证号码短信后，在 Twilio 网站上输入验证号码，证明你是该手机号码的使用者。

Twilio 提供的试用账户包括一个电话号码，它将作为短信的发送者。还有 ACCOUNT SID 和 AUTH TOKEN，它们将作为 Twilio 账户的用户名和密码，如图 15-1 所示。

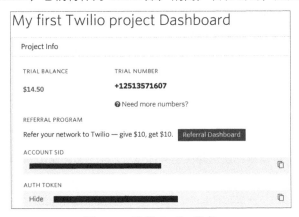

图 15-1　注册 Twilio 账户

15.4.2　发送定制短信

当安装了 twilio 模块、注册了 Twilio 账号、验证了手机号码后，就可以发送定制短信了，代码如下：

```
from twilio.rest import Client
#你的 account_sid 和 auth_toker
account_sid = "AC6092185eb06f094b531bb501a9319f28"
auth_token = "d50271bb38b54a7aa8f37c4b84edc4d1"

client = Client(account_sid, auth_token)
message = client.messages.create(
    to="+86 15121048564",
    from_="+12513571607",
    body="Hello from Python!")
```

```
print(message.sid)
```

代码输出短信的唯一值，如下所示。

```
SMfb2da5a1e6a14d35885cd5826c0858fd
```

运行上述代码后，将会向对应的手机发送一条短信，具体内容如下所示。

```
Sent from your Twilio trial account - Hello from Python!
```

在上述代码中，client()方法调用可以返回一个 Client 对象。该对象有一个 message 属性，该属性中又有一个 create()方法，可以用来发送短信。create()方法返回的 Message 对象将包含已发送短信的相关信息，包括短信的接收人、发送人、短信内容、状态、发送时间、唯一值等，代码如下：

```
message.to                  #短信的接收人
```

代码输出结果如下所示。

```
'+8615121048564'
message.from_               #短信的发送人
```

代码输出结果如下所示。

```
'+12513571607'
message.body                #短信的内容
```

代码输出结果如下所示。

```
'Sent from your Twilio trial account - Hello from Python!'
message.status              #短信的状态
```

代码输出结果如下所示。

```
'queued'
message.date_created        #短信的发送时间
```

  代码输出结果如下所示。

```
datetime.datetime(2020, 12, 10, 8, 18, 2, tzinfo=<UTC>)
message.sid                 #短信的唯一值
```

  代码输出结果如下所示。

```
'SMfb2da5a1e6a14d35885cd5826c0858fd'
```

15.5　上机实践题

  练习：向已经交纳会费的电商会员的手机发送一条短信，感谢他们准时交纳会费。

第 6 篇　文件自动化处理篇

第 16 章
利用 Python 进行文件自动化处理

在日常办公过程中，我们可能需要在成百上千个文件中查找某一个文件或文件夹，也可能需要复制、改名、移动或压缩一定数量的文件。

上述重复性和机械性的任务，完全可以借助 Python 等软件进行自动化处理，这样既可以减少人力成本，还可以降低出错率等。

16.1 文件和文件夹的基础操作

16.1.1 复制文件和文件夹

shutil 模块提供了一些函数，用于复制文件和文件夹。调用 shutil.copy(source, destination)函数，可以将路径 source 处的文件复制到路径 destination 处的文件夹中。如果 destination 是一个文件名，则它将作为被复制文件的新名字。该函数返回一个字符串，表示被复制文件的路径，代码如下：

```
import shutil, os
os.chdir(r'D:\Python 办公自动化实战：让工作化繁为简\ch16')
shutil.copy('10 月员工考核.csv', '员工考核数据')
shutil.copy('10 月员工考核.csv', '员工考核数据\员工考核_10 月.csv')
```

代码输出结果如下所示。

```
'员工考核数据\\员工考核_10 月.csv'
```

第 1 个 shutil.copy()函数调用是将"10 月员工考核.csv"文件复制到"员工考核数据"文件夹中，返回值是刚刚被复制的文件的路径。第 2 个 shutil.copy()函数调用也是将"10 月员工考核.csv"文件复制到"员工考核数据"文件夹中，但为新文件提供了一个新的名字"员工考核_10 月.csv"。

上面介绍的 shutil.copy()函数是复制一个文件，那么文件夹如何被复制呢？在 Python 中，我们可以使用 shutil.copytree()函数复制整个文件夹，包含文件夹中的子文件夹和子文件。

调用 shutil.copytree(source,destination)函数，将路径 source 处的文件夹，包括它的所有子文件和子文件夹，复制到路径 destination 处的文件夹中。source 和 destination 参数都是字符串。该函数返回一个字符串，即新复制的文件夹的路径，代码如下：

```
import shutil, os
os.chdir(r'D:\Python 办公自动化实战：让工作化繁为简\ch16')
shutil.copytree('10 月员工考核', '10 月员工考核_备份')
```

代码输出结果如下所示。

```
'10 月员工考核_备份'
```

shutil.copytree()函数调用创建了一个新文件夹，名为"10 月员工考核_备份"，其中的内容与原来的"10 月员工考核"文件夹中的内容一样。

16.1.2　移动文件和文件夹

调用 shutil.move(source,destination)函数，可以将路径 source 处的文件夹移动到路径 destination 处，并返回新位置绝对路径的字符串。如果 destination 指向一个文件夹，则 source 文件将移动到 destination 中，并保持原来的文件名，代码如下：

```
import shutil
shutil.move('10 月员工考核.csv', 'D:\Python 办公自动化实战：让工作化繁为简\ch16\
员工考核汇总')
```

代码输出结果如下所示。

```
'D:\\Python 办公自动化实战：让工作化繁为简\\ch16\\员工考核汇总\\10 月员工考核.csv'
```

假设在当前工作目录中已存在一个名为"员工考核汇总"的文件夹，shutil.move()函数调用就是将"10 月员工考核.csv"文件移动到"员工考核汇总"文件夹中。如果在"员工考核汇总"文件夹中已经存在一个"10 月员工考核.csv"文件，则它就会被覆盖。因为使用这种方式容易覆盖文件，所以在使用 shutil.move()函数时应该注意。

destination 路径也可以指定一个文件名。在下面的案例中，source 文件被移动并更改名字，代码如下：

```
import shutil
shutil.move('9 月员工考核.csv', 'D:\Python 办公自动化实战：让工作化繁为简\ch16\员
工考核数据\技术部 9 月员工考核.csv')
```

代码输出结果如下所示。

```
'D:\\Python 办公自动化实战：让工作化繁为简\\ch16\\技术部 9 月员工考核.csv'
```

上述代码将"9 月员工考核.csv"文件移动到"员工考核数据"文件夹之后，再将"9 月员工考核.csv"文件名更改为"技术部 9 月员工考核.csv"。

前面两个案例都是假设在当前工作目录下有一个目标文件夹，如果没有目标文件夹，则案例代码如下：

```
import shutil
shutil.move('8 月员工考核.csv', 'D:\Python 办公自动化实战：让工作化繁为简\ch16\技
术部员工考核')
```

代码输出结果如下所示。

```
'D:\\Python 办公自动化实战：让工作化繁为简\\ch16\\技术部员工考核'
```

这里，shutil.move()函数在当前工作目录下找不到名为"技术部员工考核"的文件夹，而 destination 指向的是一个文件，而非文件夹，所以"8 月员工考核.csv"文件名被更改为"技术部员工考核"（没有.txt 文件后缀名的文本文件）。这个可能不是我们所

期望的。在实际工作中可能会经常遇到上述问题，这也是在使用 shutil.move()函数时需要注意的。

16.1.3　删除文件和文件夹

利用 os 模块中的函数，可以删除一个文件或一个空文件夹。但是利用 shutil 模块，可以删除一个文件夹及其所有的内容。

- 调用 os.unlink(path) 函数将删除 path 处的文件。
- 调用 os.rmdir(path) 函数将删除 path 处的文件夹。该文件夹为空，没有文件和文件夹。
- 调用 shutil.rmtree(path) 函数将删除 path 处的文件夹，它包含的所有文件和文件夹都会被删除。

彻底删除"6 月员工考核"文件夹的代码如下：

```
import shutil
shutil.rmtree(r'D:\Python 办公自动化实战：让工作化繁为简\ch16\6 月员工考核')
```

因为 Python 内建的 shutil.rmtree()函数不可以恢复删除的文件和文件夹，所以用起来要小心。删除文件和文件夹最好的方法是使用第三方的 send2trash 模块。

可以在终端窗口中运行"pip install send2trash"命令安装 send2trash 模块。使用 send2trash 模块删除文件和文件夹，比使用常规的删除函数要安全得多，因为它会将文件和文件夹发送到计算机的垃圾箱或回收站，而不是永久删除。如果因程序缺陷使用 send2trash 模块删除了某些不想删除的文件或文件夹，则稍后可以从垃圾箱中恢复。

例如，删除"7 月员工考核.csv"文件，代码如下：

```
import send2trash
send2trash.send2trash('7 月员工考核.csv')
```

16.2　文件的解压缩操作

利用 zipfile 模块中的函数，Python 程序可以创建、打开和解压缩 ZIP 文件。假设有一个名为"assessment for 8.zip"的压缩文件。

16.2.1　读取 ZIP 文件

想要读取 ZIP 文件的内容，必须先创建一个 ZipFile 对象。ZipFile 对象的概念与 File 对象的概念相似，要创建一个 ZipFile 对象，需要调用 zipfile.ZipFile()方法，向它传入一个字符串，表示.zip 文件的文件名。需要注意的是，zipfile 是 Python 模块的名称，ZipFile 是方法的名称。

例如，读取一个名为"assessment for 8.zip"的压缩文件，代码如下：

```
import zipfile, os
os.chdir(r'D:\Python 办公自动化实战：让工作化繁为简\ch16')
month_8 = zipfile.ZipFile('assessment for 8.zip')
print(month_8.namelist())
info = month_8.getinfo('assessment for 8/Technology.csv')
print(info.file_size)
print(info.compress_size)
month_8.close()
```

运行上述代码，读取"assessment for 8.zip"压缩文件的输出结果如下所示。

```
['assessment for 8/Administration.csv', 'assessment for 8/Finance.csv',
'assessment for 8/Marketing/', 'assessment for 8/Marketing/Marketing for
1.csv', 'assessment for 8/Marketing/Marketing for 2.csv', 'assessment for
8/Personnel.txt', 'assessment for 8/Technology.csv']
508
308
```

ZipFile 对象有一个 namelist()方法，返回 ZIP 文件中包含的所有文件和文件夹的列表。这些字符串可以被传递给 ZipFile 对象的 getinfo()方法，返回一个关于特定文件的 Getinfo 对象。Getinfo 对象有自己的属性，如表示字节数的 file_size 和 compress_size，它们分别表示原始文件大小和压缩后的文件大小。

16.2.2　解压缩 ZIP 文件

ZipFile 对象的 extractall()方法从 ZIP 文件中解压缩所有文件和文件夹，并放到当前工作目录中。例如，解压缩一个名为"assessment for 8.zip"的压缩文件，代码如下：

```
import zipfile, os
os.chdir(r'D:\Python 办公自动化实战：让工作化繁为简\ch16')
month_8 = zipfile.ZipFile('assessment for 8.zip')
month_8.extractall()
month_8.close()
```

运行上述代码后，"assessment for 8.zip"压缩文件中的内容将被解压缩到当前工作目录下。也可以向 extractall()方法传递一个文件夹的名称，它将文件解压缩到指定文件夹中，而不是当前工作目录中。如果传递给 extractall()方法的文件夹不存在，则它会被创建。

ZipFile 对象的 extract()方法可以从 ZIP 文件中解压缩单个文件。例如，从压缩文件中解压缩一个名为"Technology.csv"的文件，代码如下：

```
import zipfile, os
os.chdir(r'D:\Python 办公自动化实战：让工作化繁为简\ch16')
month_8 = zipfile.ZipFile('assessment for 8.zip')
month_8.extract('assessment for 8/Technology.csv')
month_8.extract('assessment for 8/Technology.csv', 'D:\\')
month_8.close()
```

16.2.3 创建 ZIP 文件

想要创建 ZIP 文件，必须以"写模式"打开 ZipFile 对象，即传入"w"作为第 2 个参数。如果向 ZipFile 对象的 write()方法传入一个路径，Python 就会压缩该路径所指的文件，并将它添加到 ZIP 文件中。write()方法的第 1 个参数是一个字符串，表示要添加的文件名。第 2 个参数是"压缩类型"，表示使用什么算法来压缩文件，可以将这个值设置为"zipfile.ZIP_DEFLATED"。

例如，创建一个名为"Technology.zip"的压缩文件，代码如下：

```
import zipfile
Technology_8 = zipfile.ZipFile('Technology.zip', 'w')
Technology_8.write('Technology.csv', compress_type=zipfile.ZIP_DEFLATED)
Technology_8.close()
```

上述代码将会创建一个新的 ZIP 文件，名为"Technology.zip"，它包含"Technology.csv"压缩后的内容。如果只是希望将文件添加到原始的 ZIP 文件中，就要向 zipfile.ZipFile()方法传入"a"作为第 2 个参数，以添加模式打开 ZIP 文件。

16.3 显示目录树下的文件名称

"D:\Python 办公自动化实战：让工作化繁为简\ch16\8 月员工考核"目录下的文件结构如下所示。

8 月员工考核

市场部

市场 1 部.csv

市场 2 部.csv

财务部.csv

行政部.csv

技术部.csv

人事部.txt

16.3.1 显示指定目录树下文件名称

显示指定目录树下文件名称。例如，显示 "8 月员工考核" 文件夹下的文件名称，
代码如下：

```
import os

def fileInFolder(filepath):
    pathDir = os.listdir(filepath)   #获取文件夹下的所有文件
    files = []
    for allDir in pathDir:
        child = os.path.join('%s\\%s' % (filepath, allDir))
        files.append(child.encode('utf-8').decode('utf-8'))   #解决中文乱码
    return files

filepath = r"D:\Python 办公自动化实战：让工作化繁为简\ch16\8 月员工考核"
print(fileInFolder(filepath))
```

运行上述代码，显示指定目录树下文件名称，输出结果如下所示。

```
['D:\\Python 办公自动化实战：让工作化繁为简\\ch16\\8 月员工考核\\人事部.txt',
'D:\\Python 办公自动化实战：让工作化繁为简\\ch16\\8 月员工考核\\市场部',
'D:\\Python 办公自动化实战：让工作化繁为简\\ch16\\8 月员工考核\\技术部.csv',
'D:\\Python 办公自动化实战：让工作化繁为简\\ch16\\8 月员工考核\\行政部.csv',
'D:\\Python 办公自动化实战：让工作化繁为简\\ch16\\8 月员工考核\\财务部.csv']
```

16.3.2 显示目录树下文件及子文件名称

显示目录树下文件及子文件名称。我们可以看到，在上述代码中 "市场 1 部.csv"
和 "市场 2 部.csv" 两个子文件没有被显示出来，下面要显示目录树下文件及子文件名
称，代码如下：

```
import os

def getfilelist(filepath):
    filelist = os.listdir(filepath)
    files = []
    for i in range(len(filelist)):
```

```
        child = os.path.join('%s\\%s' % (filepath, filelist[i]))
        if os.path.isdir(child):
            files.extend(getfilelist(child))
        else:
            files.append(child)
    return files
```

```
filepath = r"D:\Python 办公自动化实战：让工作化繁为简\ch16\8 月员工考核"
print(getfilelist(filepath))
```

运行上述代码，显示目录树下文件及子文件名称，输出结果如下所示。

```
['D:\\Python 办公自动化实战：让工作化繁为简\\ch16\\8 月员工考核\\人事部.txt',
'D:\\Python 办公自动化实战：让工作化繁为简\\ch16\\8 月员工考核\\市场部\\市场 1
部.csv', 'D:\\Python 办公自动化实战：让工作化繁为简\\ch16\\8 月员工考核\\市
场 2 部.csv', 'D:\\Python 办公自动化实战：让工作化繁为简\\ch16\\8 月员工考核\\技术
部.csv', 'D:\\Python 办公自动化实战：让工作化繁为简\\ch16\\8 月员工考核\\行政
部.csv', 'D:\\Python 办公自动化实战：让工作化繁为简\\ch16\\8 月员工考核\\财务
部.csv']
```

我们可以看到，"8 月员工考核"文件下的非根目录下的文件都被显示出来，如市场部文件夹下的"市场 1 部.csv"文件和"市场 2 部.csv"文件。

16.4　修改目录树下的文件名称

16.4.1　修改所有类型文件名称

修改所有类型文件名称。例如，修改"9 月员工考核"文件夹下的所有文件名称，在文件名称前面加上"9 月_"，代码如下：

```
import os

def filesRename(filepath):
    filelist = os.listdir(filepath)    #获取文件夹下的所有的文件
    files = []
    for i in range(0,len(filelist)):
        child = os.path.join('%s\\%s' % (filepath, filelist[i]))
        if os.path.isdir(child):
            continue
        else:
            newName = os.path.join('%s\\%s' % (filepath,'9 月' + "_" +
```

```
filelist[i]))
        print(newName)
        os.rename(child, newName)
```

```
filepath = r"D:\Python 办公自动化实战：让工作化繁为简\ch16\9 月员工考核"
filesRename(filepath)
```

运行上述代码，"9 月员工考核"文件夹下的所有文件名称都被修改，输出结果如下所示。

D:\Python 办公自动化实战：让工作化繁为简\ch16\9 月员工考核\9 月_人事部.txt
D:\Python 办公自动化实战：让工作化繁为简\ch16\9 月员工考核\9 月_客服部.xlsx
D:\Python 办公自动化实战：让工作化繁为简\ch16\9 月员工考核\9 月_技术部.csv
D:\Python 办公自动化实战：让工作化繁为简\ch16\9 月员工考核\9 月_行政部.csv
D:\Python 办公自动化实战：让工作化繁为简\ch16\9 月员工考核\9 月_财务部.csv

16.4.2　修改指定类型文件名称

修改指定类型文件名称。例如，只需要修改指定目录 txt 和 xlsx 两种格式的文件名称，在文件名称后面加上"_10 月"，代码如下：

```
import re
import os
import time


def change_name(path):
    global i
    if not os.path.isdir(path) and not os.path.isfile(path):
        return False
    if os.path.isfile(path):
        file_path = os.path.split(path)          #分割出目录与文件
        lists = file_path[1].split('.')          #分割出文件与文件扩展名
        file_ext = lists[-1]                     #取出后缀名
        img_ext = ['txt','xlsx']
        if file_ext in img_ext:
            os.rename(path,file_path[0]+'/'+lists[0]+'_10 月.'+file_ext)
            i+=1
    elif os.path.isdir(path):
        for x in os.listdir(path):
            change_name(os.path.join(path,x))    #os.path.join()


img_dir = r'D:\Python 办公自动化实战：让工作化繁为简\ch16\10 月员工考核'
```

```
start = time.time()
i = 0
change_name(img_dir)
c = time.time() - start
print('处理了%s 个文件'%(i))
```

运行上述代码，显示"处理了 2 个文件"的信息，打开"10 月员工考核"文件夹，就可以看到指定类型文件的名称已经被修改，如图 16-1 所示。

名称	修改日期	类型	大小
📄 财务部_10月.txt	2020/10/15 17:41	文本文档	1 KB
📊 行政部.csv	2020/10/15 17:41	Microsoft Excel ...	1 KB
📊 技术部.csv	2020/10/15 17:41	Microsoft Excel ...	1 KB
📄 人事部_10月.txt	2020/10/15 17:41	文本文档	1 KB

图 16-1　修改指定类型文件名称

16.5　合并目录树下的数据文件

16.5.1　合并所有类型文件中的数据

合并所有类型文件中的数据。例如，在"10 月员工考核"文件夹下有 4 个文件，这 4 个文件有 txt 和 csv 两种格式，合并这 4 个文件中的数据，代码如下：

```
import pandas as pd
import os

#删除空文件夹
def traverse(filepath):
    #遍历文件夹下的所有文件，包括子目录
    files = os.listdir(filepath)
    for fi in files:
        fi_d = os.path.join(filepath, fi)
        if os.path.isdir(fi_d):                 #判断是否为文件夹
            if not os.listdir(fi_d):            #如果文件夹为空
                os.rmdir(fi_d)                  #删除空文件夹
            else:
                traverse(fi_d)
        else:
            file = os.path.join(filepath, fi_d)
            if os.path.getsize(file) == 0:      #文件大小为 0
                os.remove(file)                 #删除文件
```

```
#合并数据文件
def get_file(path):                              #创建一个空列表
    files = os.listdir(path)
    files.sort()                                 #排序
    list = []
    for file in files:
        if not os.path.isdir(path + file):       #判断是否是一个文件夹
            f_name = str(file)
            tr = '\\'                            #增加一个斜杠
            filename = path + tr + f_name
            list.append(filename)
    return (list)


if __name__ == '__main__':
    path = r'D:\Python 办公自动化实战：让工作化繁为简\ch16\10 月员工考核'
    traverse(path)
    list = get_file(path)
    for i in range(4):                           #表示读取 4 个文件
        df = pd.read_csv(list[i], sep=',')
        df.to_csv('10 月员工考核.csv', mode='a', header=None)
```

　　运行上述代码，在当前工作目录下会生成"10 月员工考核.csv"文件，直接打开该文件可能会出现乱码，建议使用记事本打开该文件。合并所有类型文件中的数据，输出结果如下所示。

```
0,N3000119875,女,21,本科,福建,2019/7/15,87
1,N3000112715,男,22,大专,云南,2018/5/20,89
2,N3000113405,女,26,大专,西藏,2016/7/22,91
0,N3000112865,女,26,本科,北京,2017/3/26,87
1,N2000110995,男,22,大专,河北,2015/5/27,89
2,N2000110625,男,21,大专,山西,2018/9/29,91
0,N3000104645,女,23,本科,北京,2016/3/22,88
1,N3000112795,男,21,大专,河北,2017/3/26,89
2,N3000112855,男,20,大专,山西,2015/5/27,90
0,N2000112955,男,23,本科,山东,2019/8/15,89
1,N3000119745,男,26,大专,江苏,2018/6/20,91
2,N3000119375,男,20,大专,江西,2015/2/27,85
```

16.5.2　合并指定类型文件中的数据

合并指定类型文件中的数据。例如，我们需要合并"10 月员工考核"文件夹下格式为 csv 的两个文件中的数据，代码如下：

```
from glob import glob
files = sorted(glob('10月员工考核.csv'))
pd.concat((pd.read_csv(file) for file in files), ignore_index=True)
```

运行上述代码，合并指定类型文件中的数据，输出结果如下所示。

	员工工号	性别	年龄	学历	籍贯	入职时间	考核评分
0	N3000112865	女	26	本科	北京	2017/3/26	87
1	N2000110995	男	22	大专	河北	2015/5/27	89
2	N2000110625	男	21	大专	山西	2018/9/29	91
3	N3000104645	女	23	本科	北京	2016/3/22	88
4	N3000112795	男	21	大专	河北	2017/3/26	89
5	N3000112855	男	20	大专	山西	2015/5/27	90

16.6　上机实践题

练习 1：合并"7 月员工考核"文件夹下所有文本类型的数据文件。

练习 2：将"可爱的小动物"文件夹下的所有图片名称后面加上"_猫咪"。

附录 A 安装 Python 3.10 版本及第三方库

本书中使用的 Python 是截至 2020 年 12 月的最新版本（Python 3.10.0a2），下面介绍其具体的安装步骤，安装环境是 Windows 10 家庭版 64 位操作系统。

注意： Python 需要被安装到计算机硬盘根目录或英文路径文件夹下，即安装路径不能有中文。

（1）下载 Python 3.10.0a2 版本的安装文件，官方网站的下载地址如图 A-1 所示。

图 A-1　Python 软件的官方网站下载地址

（2）右击 "python-3.10.0a2-amd64.exe" 文件，在弹出的快捷菜单中选择 "以管理员身份运行" 命令，如图 A-2 所示。

图 A-2　选择 "以管理员身份运行" 命令

（3）勾选 "Add Python 3.10 to PATH" 复选框，然后单击 "Customize installation" 选项，如图 A-3 所示。

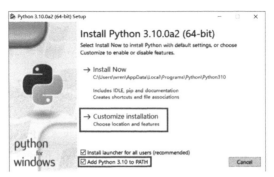

图 A-3　单击"Customize installation"

（4）根据需要选择自定义的选项，必须勾选"pip"复选框，其他复选框根据个人需求勾选，然后单击"Next"按钮，如图 A-4 所示。

图 A-4　单击"Next"按钮

（5）选择软件的安装位置，默认安装在 C 盘，单击"Browse"按钮可以更改软件的安装目录，然后单击"Install"按钮，如图 A-5 所示。

图 A-5　选择软件的安装位置

（6）稍等片刻，会出现"Setup was successful"对话框，说明软件正在被正常安装，安装完成后单击"Close"按钮，如图 A-6 所示。

图 A-6　单击"Close"按钮

（7）在命令提示符中输入"python"命令后，如果出现如图 A-7 所示的信息（Python 版本的信息），则说明软件安装没有问题，可以正常使用 Python。

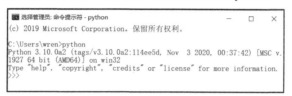

图 A-7　查看 Python 版本的信息

（8）在 Python 中可以使用 pip 工具与 conda 工具安装本书中的第三方库（NumPy、Pandas、Matplotlib、Python-docx、Python-pptx 等）。

（9）此外，如果在安装数据可视化中无法正常安装，则可以下载最新版本的离线文件再安装，适用于 Python 扩展程序包的非官方 Windows 二进制文件的下载地址如图 A-8 所示。

图 A-8　非官方 Python 扩展程序包下载地址

附录 B　Python 常用的第三方工具包简介

B.1　数据分析类包

1．Pandas

Python Data Analysis Library 或 Pandas 库是基于 NumPy 的一种工具，是为了解决数据分析任务而创建的。Pandas 库纳入了大量库和一些标准的数据模型，提供了大量能使用户快速便捷处理数据的函数和方法。

Pandas 库最初由 AQR Capital Management 于 2008 年 4 月开发，并于 2009 年年底开源，目前由专注于 Python 数据包开发的 PyData 开发团队继续开发和维护，属于 PyData 项目的一部分。Pandas 库最初被作为金融数据分析工具而开发出来，因此，Pandas 库为时间序列分析提供了很好的支持，Pandas 库的名称来源于面板数据（panel data）和 Python 数据分析（data analysis）。

Panda 库的数据结构如下所述。

Series：一维数组，与 NumPy 中的一维 Array 类似。它们与 Python 基本的数据结构 List 也很相近，其区别是，List 中的元素可以是不同的数据类型，而 Array 和 Series 则只允许存储相同的数据类型，这样可以更有效地使用内存，提高运算效率。

Time-Series：以时间为索引的 Series。

DataFrame：二维表格型数据结构。很多功能与 R 语言中的 data.frame 功能类似，可以将其理解为 Series 的容器。

Panel：三维数组，可以理解为 DataFrame 的容器。

Pandas 库有两种独有的基本数据结构。需要注意的是，虽然 Pandas 库有两种数据结构，但它依然是 Python 的一个库，所以，Python 中的部分数据类型在这里依然适用。用户还可以使用自己定义的数据类型。Pandas 库又定义了两种数据类型：Series 和 DataFrame，它们使数据操作变得更加简单。

2．NumPy

NumPy（Numeric Python）是高性能科学计算和数据分析的基础包。它是 Python 的一种开源的数值计算扩展，提供了许多高级的数值编程工具，如矩阵数据类型、矢量处理及精密的运算库，专门为进行严格的数字处理而产生。

3．SciPy

SciPy 是一款方便、易于使用、专门为科学和工程设计的 Python 工具包，可以处理插值、积分、优化、图像处理、常微分方程数值解的求解、信号处理等问题，用于有效计算 NumPy 矩阵，使 NumPy 和 SciPy 能够协同工作，高效解决问题。

4．Statismodels

Statismodels 是一个 Python 模块，它提供了对许多不同统计模型估计的类和函数，并且可以进行统计测试和统计数据的探索。另外，Statismodels 还提供了一些互补 SciPy 统计计算的功能，包括描述性统计、统计模型估计和推断。

B.2 数据可视化类包

1．Matplotlib

Matplotlib 是一个 Python 的 2D 绘图库，它以各种硬拷贝格式和跨平台的交互式环境生成出版质量级别的图形。

Matplotlib 是 Python 2D 绘图领域使用比较广泛的库，它能让用户很轻松地将数据图形化，并且提供了多样化的输出格式。

2．Pyecharts

Pyecharts 是一款将 Python 与 Echarts 进行结合的强大的数据可视化工具。

3．Seaborn

Seaborn 是基于 Matplotlib 的 Python 数据可视化库，它提供了更高层次的 API 封装，使用起来更加方便、快捷，该模块是一个统计数据可视化库。

Seaborn 简洁而强大，和 Pandas、NumPy 组合使用效果更佳。需要注意的是，Seaborn 并不是 Matplotlib 的代替品，很多时候仍然需要使用 Matplotlib。

B.3 机器学习类包

1．Sklearn

Sklearn 是 Python 的重要机器学习库，其中封装了大量的机器学习算法，如分类、回归、数据降维及聚类；还包含了监督学习、非监督学习、数据变换三大模块。Sklearn 拥有完善的文档，使得它具有上手容易的优势；并且它还内置了大量的数据集，节省了获取和整理数据集的时间。因而，使其成为广泛应用的重要的机器学习库。

Scikit-Learn 是基于 Python 的机器学习模块，基于 BSD 开源许可证。Scikit-Learn 的基本功能主要分为 6 部分：分类、回归、聚类、数据降维、模型选择、数据预处理。Scikit-Learn 中的机器学习模型非常丰富，包括 SVM、决策树、GBDT、KNN 等，用户可以根据问题的类型选择合适的模型。

2．Keras

高阶神经网络开发库可以运行在 TensorFlow 或 Theano 上，基于 Python 的深度学习库 Keras 是一个高层神经网络 API，Keras 由纯 Python 编写而成并基于 Tensorflow、Theano 及 CNTK 后端。Keras 为支持快速实验而生，能够把用户的想法迅速转换为结果。如果用户有如下需求，则请选择 Keras：简易和快速的原型设计（Keras 具有高度模块化、极简和可扩充特性）支持 CNN 和 RNN，或者两者的结合，实现 CPU 和 GPU 之间的无缝切换。

TensorFlow、Theano 及 Keras 都是深度学习框架，TensorFlow 和 Theano 比较灵活，也比较难学，它们其实就是一个微分器。Keras 其实是 TensorFlow 和 Theano 的接口（Keras 作为前端，TensorFlow 或 Theano 作为后端），Keras 也很灵活，且比较容易学。我们可以把 Keras 看作 TensorFlow 封装后的一个 API。Keras 是一个用于快速构建深度学习原型的高级库。目前，Keras 支持两种后端框架：TensorFlow 与 Theano，而且 Keras 已经成为 TensorFlow 的默认 API。

3．Theano

Theano 是一个 Python 深度学习库，专门应用于定义、优化、求值数学表达式，效率高，适用于多维数组，特别适合做机器学习。一般来说，在使用 Theano 时需要安装 Python 和 NumPy。

4．XGBoost

XGBoost 模块是大规模并行 boosted tree 的工具，它是目前最快、最好的开源 boosted tree 工具包之一。XGBoost（eXtreme Gradient Boosting）是 Gradient Boosting 算

法的一个优化版本，针对传统的 GBDT 算法做了很多细节改进，包括损失函数、正则化、切分点查找算法优化等。

相对于传统的 GBDT 算法，XGBoost 增加了正则化步骤。正则化的作用是减少过拟合现象。XGBoost 可以使用随机抽取特征，这个方法借鉴了随机森林的建模特点，可以防止过拟合。XGBoost 的优化特点主要体现在以下 3 个方面。

- 实现了分裂点寻找近似算法，先通过直方图算法获得候选分割点的分布情况，然后根据候选分割点将连续的特征信息映射到不同的 buckets 中，并统计汇总信息。
- XGBoost 考虑了训练数据为稀疏值的情况，可以为缺失值或指定的值指定分支的默认方向，这样就能大大提升算法的计算效率。
- 在正常情况下，Gradient Boosting 算法都是顺序执行的，所以速度较慢。XGBoost 特征列排序后以块的形式存储在内存中，在迭代中可以重复使用。因此 XGBoost 在处理每个特征列时可以做到并行处理。

总体来说，XGBoost 相对于 GBDT 在模型训练速度与在降低过拟合上有了不少的提升。

5．TensorFlow

TensorFlow 是谷歌基于 DistBelief 进行研发的第二代人工智能学习系统。

6．TensorLayer

TensorLayer 是为研究人员和工程师设计的一款基于谷歌 TensorFlow 开发的深度学习与强化学习库。

7．TensorForce

TensorForce 模块是一个构建于 TensorFlow 之上的新型强化学习 API。

8．Jieba

Jieba 是一款优秀的 Python 第三方中文分词库，Jieba 支持 3 种分词模式：精确模式、全模式和搜索引擎模式，下面介绍这 3 种分词模式的特点。

- 精确模式：试图将语句进行最精确的切分，不存在冗余数据，适合进行文本分析。
- 全模式：将语句中所有可能是词的词语都切分出来，切分速度非常快，但是存在冗余数据。
- 搜索引擎模式：在精确模式的基础上，对长词再次进行切分。

9．WordCloud

　　WordCloud 可以说是 Python 非常优秀的词云展示第三方库。词云以词语为基本单位会更加直观、艺术地展示文本。

　　10．PySpark

　　PySpark 是一个大规模内存分布式计算框架。